Jan Bauer

Effiziente und optimierte Darstellungen von Informationen auf Grafikanzeigen im Fahrzeug

Situationsadaptive Bildaufbereitungsalgorithmen
und intelligente Backlightkonzepte

SPEKTRUM DER LICHTTECHNIK   **BAND 2**

Lichttechnisches Institut
Karlsruher Institut für Technologie (KIT)

Effiziente und optimierte Darstellungen von Informationen auf Grafikanzeigen im Fahrzeug

Situationsadaptive Bildaufbereitungsalgorithmen und intelligente Backlightkonzepte

von
Jan Bauer

Dissertation, Karlsruher Institut für Technologie (KIT)
Fakultät für Elektrotechnik und Informationstechnik, 2013
Tag der mündlichen Prüfung: 31. Oktober 2012
Referenten: Prof. Dr. rer. nat. Cornelius Neumann,
Prof. Dr.-Ing. Chihao Xu

Impressum

Karlsruher Institut für Technologie (KIT)
KIT Scientific Publishing
Straße am Forum 2
D-76131 Karlsruhe
www.ksp.kit.edu

KIT – Universität des Landes Baden-Württemberg und
nationales Forschungszentrum in der Helmholtz-Gemeinschaft

KIT Scientific Publishing 2013
Print on Demand

ISSN 2195-1152
ISBN 978-3-86644-961-9

Effiziente und optimierte Darstellungen von Informationen auf Grafikanzeigen im Fahrzeug:

Situationsadaptive Bildaufbereitungsalgorithmen und intelligente Backlightkonzepte

Zur Erlangung des akademischen Grades eines
DOKTOR-INGENIEURS

von der Fakultät für

Elektrotechnik und Informationstechnik

des Karlsruher Instituts für Technologie (KIT)

genehmigte

DISSERTATION

von

M.Sc. Jan Bauer

geboren am 04.02.1983 in Pforzheim

Tag der mündlichen Prüfung: 31. Oktober 2012
Hauptreferent: Prof. Dr. rer. nat. Cornelius Neumann
Korreferent: Prof. Dr.-Ing. Chihao Xu

Für Kerstin

All our knowledge has its origins in our perceptions.
Leonardo da Vinci

ABSTRACT

Content for multimedia displays, e.g. for video or human-machine interfaces, is optimized for relatively dark ambient light conditions (0.5lx to 500lx) e.g. in cinema or office. In the process of creation, the content is designed for one static ambient light condition. But in the automotive environment, our perception of the content varies through the strong variation of the surrounding ambient light (0.5lx to 500lx). Today, typical methods to counteract the variation in the perception of the content are, different *static* designs, optimized for day- or night-conditions and ambient light depending display luminance. In many light situations this is not sufficient enough.

The main objective in this thesis is to *dynamically* optimize the given content in real time for best readability, quality and energy efficiency by:

- intelligent regulation of the display luminance,
- dynamic modification of the present content and
- optimization of the backlight efficiency.

In the first step a model to identify the current amount of veiling glare in the observers eye and the amount of reflected light from the display in the automotive environment is developed. On the base of the so measured ambient light information, the luminance of the display is adaptively regulated. To enhance the readability of the presented information on the display, the content is dynamically processed in the second step. Thereby, for the human perception, irrelevant information in the content is abandoned to maximize the level of enhancement. In the presented approach not the fidelity of the content is enhanced. Here the subjective quality at ambient light is addressed using an optimized target functions for the automotive environment. The target function enables to choose the best balance for the lossy enhancement - between readability and quality - depending on the ambient light situation. By content adaptive global and local dimming of the backlight, the perceived quality (dark ambient light situation) and energy efficiency (bright ambient light situation) of the display is improved in the third step.

DANKSAGUNG

Diese Doktorarbeit ist während meiner Arbeit im Bereich der Display Vorentwicklung bei der Daimler AG entstanden. Dem Team Displays danke ich für die Unterstützung mit Fachwissen, konstruktiver Kritik und vielen Ideen.

Besonders hervorheben möchte ich Dr. Markus Kreuzer, der durch seine eigene, oft unkonventionelle Art, mich während der Doktorarbeit betreut hat. Sein Anspruch und die etwas andere, für mich oft neue Sicht auf viele Dinge haben mich geprägt. Ganz großen Dank dafür, Markus!

Meinem Doktorvater Prof. Dr. rer. nat. Cornelius Neumann will ich ebenfalls einen großen Dank aussprechen. Auf seine kompetente und sympathische Art hat er immer wieder den richtigen Weg gefunden mich zu motivieren. Die hilfreichen Diskussionen und das Interesse an jeder Phase meiner Arbeit war immer ein Ansporn für mich.

Ein liebevoller Dank geht an meine Frau Kerstin. Sie hat mir die ganze Zeit den Rücken frei gehalten und mich in den vielen Stunden, die für die Anfertigung dieser Arbeit notwendig waren, unterstützt.

INHALTSVERZEICHNIS

A. Anhang **121**

KAPITEL 1

EINLEITUNG UND MOTIVATION

1.1. AUSGANGSSITUATION

In modernen Fahrzeugen werden mehr und größere Displays eingesetzt, um die Daten der Infotainment-[1], Telematik-[2] und Assistenzsysteme dem Fahrer und den Passagieren komfortabel zur Verfügung zu stellen. Bei heutigen und zukünftigen Ober- und Mittelklassefahrzeugen ist das Display eines der bestimmenden Elemente in einem Fahrzeuginnenraum [1].

Abbildung 1.1.: Zukunftsvision Mercedes-Benz F125. Das visionäre Forschungsfahrzeug ist mit einem 3D-Display für Fahrerinformationen (links), Projektionsschirm für die Navigation (Mitte) und einem 17"-Display für das Beifahrerentertainment (rechts) ausgestattet. Bildquelle: [2]

In der Consumer Electronic werden ständig neue Displays in Fernsehgeräten oder Smartphones präsentiert, wie zum Beispiel das „Retina"-Display

---

[1] *Information und Entertainment*
[2] *Telekommunikation und Informatik*

des iPhones von Apple mit einer Pixeldichte passend zur Sehschärfe. Dadurch entsteht beim Kunden eine Erwartungshaltung, die auch auf das Fahrzeug projiziert wird. Komplexere Integrationsbedingungen wie zum Beispiel Temperatur- und Vibrationsbeständigkeit verlängern im Vergleich zur Consumer Electronic die Entwicklungszeiten. Zusätzlich ist im Fahrzeug unsere Wahrnehmung der Displayinhalte durch die ständig wechselnden Umgebungslichtbedingungen, mit einem Dynamikbereich von 0.5lx bis 100klx, starken Variationen unterworfen. Dies kann zu einer Verschlechterung der Wahrnehmbarkeit der dargestellten Informationen auf dem Display führen, ungefähr vergleichbar mit der Situation wenn mit einem Laptop im Freien bei Sonnenschein gearbeitet wird.

Abbildung 1.2.: links: Wahrnehmung von Displayinhalten bei dunklen Umgebungslichtbedingungen. **rechts:** Simulation der Wahrnehmung von Displayinhalten bei hellen Umgebungslichtbedingungen, Bildquelle: [3]

Die wichtigste und sicherheitsrelevante Voraussetzung ist die Gewährleistung der Ablesbarkeit von relevanten Informationen durch den Fahrer bei allen Umgebungslichtsituationen, wie durch die Standards ISO 15008 [4] und SAE 1757 [5] definiert. Neben den geschürten Erwartungen durch die Consumer Electronic, entstehen neue Herausforderungen an die Qualität durch neue Funktionen, wie beispielsweise Fond-, SplitView- oder 3D-Displays. Gerade durch die ersten beiden ist zu erwarten, dass deutlich mehr Video- und Fernsehinhalte im Fahrzeug angeschaut werden. Besonders dunkle Szenen werden dabei durch den geringen Kontrastumfang deutlich durch das Umgebungslicht beeinflusst, wie in Bild 1.2 als Simulation dargestellt. Weiter ist zu erwarten, dass der Fahrer das Fahrzeug täglich und über mehrere Jahre nutzt und durch die ständige Betrachtung auch die kleinsten Fehler irgendwann erkannt werden. Darüber hinaus wird zukünftig durch die Verbreitung von Elektrofahrzeugen der Energieverbrauch von jedem Gerät im Fahrzeug und damit auch dem des Displays, zu einem zentralen Punkt der Reichweite.

1.2. ZIEL UND AUFBAU DER DOKTORARBEIT

Das in der Ausgangssituation beschriebene Spannungsfeld von Ablesbarkeit, Qualitätsanforderungen und Energieverbrauch soll durch einen Paradigmenwechsel verbessert werden. Dabei werden im Gegensatz zur konventionellen Hardwareoptimierung die Betriebsparameter des Displays und der angezeigte Inhalt, automatisch und adaptiv in Abhängigkeit der Umgebungslichtsituation optimal eingestellt. In Kapitel 2 werden, wie in Abbildung 1.3 dargestellt, die speziellen Grundlagen und Anforderungen an Displays im automobilen Umfeld beschrieben. In Kapitel 3 wird ein Sensorkonzept zur Ermittlung der aktuellen visuellen Wahrnehmungssituation in Abhängigkeit des Umgebungslichts entwickelt. Basierend auf Grundlagen visuellen Wahrnehmung werden Methoden diskutiert, die es ermöglichen die Wahrnehmung von Displayinhalten bei Umgebungslicht zu simulieren. Im 4. Kapitel wird auf Basis der Wahrnehmung der Displayinhalte die optimale Displayhelligkeit in Abhängigkeit des Umgebungslichts diskutiert und ein Regelungsmodell entwickelt. Bei hellen Umgebungslichtbedingungen oder Kontrastarmen Inhalten, reicht eine Regelung der Displayhelligkeit nicht mehr aus. Per dynamischer Anpassung werden in Kapitel 5 durch Algorithmen die dargestellten Inhalte so verändert, dass die Ablesbarkeit bei Umgebungslicht verbessert wird. Durch die Optimierung entstehen positive Effekte auf die Ablesbarkeit, es entstehen allerdings auch Bildartefakte. Mittels einer für das Automobil angepassten Zielfunktion wird das am besten ausgewogene Verhältnis zwischen Verbesserung der Ablesbarkeit und notwendiger (un)sichtbarer Bildartefakte für verschiedene automobile Umgebungslichtbedingungen ermittelt.Der dadurch erreichte Kompromiss wird in Kapitel 6 durch eine Probandenstudie bestätigt. Kapitel 7 beschäftigt sich mit intelligenten Konzepten zur Optimierung der Hinterleuchtungstechnik für Fahrzeugdisplays. Ziel dabei ist die Steigerung der Wertanmutung des Displays bei dunklen und mittleren Umgebungslichtbedingungen und die Verringerung des Energieverbrauchs und der Wärmeentwicklung bei hellen Umgebungslichtbedingungen. Kapitel 8 fasst die Ergebnisse der Arbeit zusammen und gibt einen Ausblick auf weitere Forschungsthemen zu diesem Gebiet.

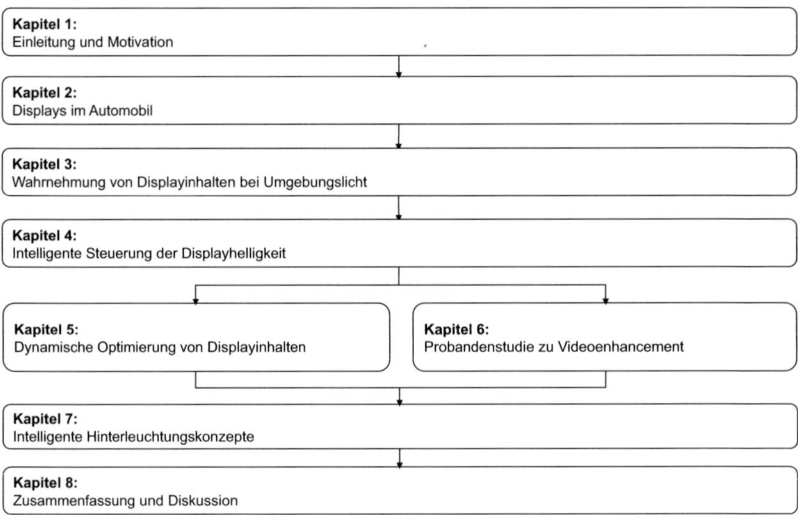

Abbildung 1.3.: Vorgehensweise und Struktur der Doktorarbeit

KAPITEL 2

DISPLAYS IM AUTOMOBIL

2.1. MOTIVATION

Mit einem beeindruckenden Flächenzuwachs hat sich das Display zu einem bestimmenden Element im Fahrzeuginnenraum entwickelt [6]. Die vom Betrachter wahrgenommene Qualität des Displays ist dabei abhängig von der Integration, Design und Grafikqualität [1] sowie den physikalischen Eigenschaften des Displays. Speziell für den automotiven Bereich ergeben sich zusätzliche Herausforderungen im Bezug auf die sicherheitsrelevante Ablesbarkeit und die Qualität der Darstellung durch die unterschiedliche Wahrnehmung bei verschiedenen Umgebungslichtsituationen sowie Energieverbrauch und Wärmeentwicklung (Abs. 2.3 und 2.4).

2.2. DISPLAYSYSTEM

Anzeigen (engl.: *Display Device*) sind im Allgemeinen eine Möglichkeit zur Signalisierung von *veränderlichen* Informationen. Nach der DIN-EN894-2 [7] werden Anzeigen nach drei Typen unterschieden: optische, akustische und haptische Anzeigen. Mit Hilfe von optischen Anzeigen können große Informationsmengen für den Benutzer effizient erfassbar bereitgestellt werden. Von mechanischen über elektromechanische Display haben sie sich zu elektronischen Systemen entwickelt und können nach Myers [8] unabhängig vom Einsatzgebiet in folgende Elemente separiert werden:

1. Bildquelle
2. Bildverarbeitung
3. Bildspeicherung und Übertragung
4. Bilddarstellung
5. Betrachter

Abbildung 2.1.: Elemente eines Displaysystems nach Myers [8]

Waren lange Zeit Kathodenstrahlröhrenbildschirmen (CRT[1]) beinahe die primär verbreitete Technologie zur elektronischen Bilddarstellung, so haben sich heute eine Vielzahl von verschiedenen Technologien, wie z.B. Flüssigkristalldisplays (LCD[2]), Vakuumfluoreszenzazeigen (VFD[3]), Plasmamonitore (PDP[4]) oder Displays aus organischen Leuchtdioden (OLED[5]) für spezielle Einsatzgebiete etabliert [9]. Dabei werden elektronische Displays nach Myers [8] nach Art und Ort der Bilderzeugung unterteilt:

- Direkte Betrachtung
    - Licht „schaltend" - transmissiv
    - Licht „erzeugend" - emissiv
- Projektion

Während bei den emissiven Displaytypen das Licht lokal am Pixel erzeugt wird, kommt bei den transmissiven Displaytypen eine globale Hinterleuchtung zum Einsatz. Zur Bilderzeugung wird das Licht lokal moduliert und in drei Grundfarben aufgespalten. Flüssigkristalldisplays verwenden dazu in jedem Pixel eine Kombination aus Polarisatoren, Flüssigkristallen und Farbfiltern [10].

---

[1]Cathode Ray Tube
[2]Liquid Crystal Display
[3]Vacuum Fluorescent Display
[4]Plasma Display Panel
[5]Organic Light Emitting Diode

2.3. ANFORDERUNGEN AN DISPLAYS IM FAHRZEUG

In modernen Fahrzeugen nutzt eine steigende Anzahl von Applikationen das Display als Anzeigefläche. Primäre Voraussetzung für die Gewährleistung einer sicheren Bedienung dieser Applikationen, ist eine gute Ablesbarkeit des Displays auch bei kritischen Umgebungslichtbedingungen. Der Fahrer muss dabei die Bildschirminhalte erkennen, verarbeiten und in Abhängigkeit der dargestellten Informationen die Bedienung durchführen. Ist die Ablesbarkeit der Informationen beeinträchtigt, wird die Dauer der Bedienung verlängert und das Unfallrisiko steigt.

Als Grundlage für die Beurteilung der Ablesbarkeit von Displays im Automobil wird die ISO15008 [4] verwendet. Die ISO15008 definiert drei Umgebungslichtbedingungen (Nacht, Tag, Sonne) und schreibt jeweils einen dargestellten Minimalkontrast für relevante Inhalte vor:

$$C_R \geq \begin{cases} 5:1; & Nacht \\ 3:1; & Tag \\ 2:1; & Sonne \end{cases} \tag{2.1}$$

Wie später in Kapitel 3 diskutiert, wird durch Umgebungslicht der wahrgenommene Kontrast der dargestellten Informationen verschlechtert. Generell gelten für Einhaltung der in der ISO15008 [4] vorgeschriebenen Kontraste drei Vorgaben an das Displaysystem:

- hohe maximale Displayhelligkeit $L_w > 400cd/m^2$
- Minimierung der Lichtreflexionen von der Displayobetfläche
- optimierte Inhalte mit kontrastreichen Graustufenkombinationen

Displays bilden die direkte Schnittstelle von der Technik zum Menschen [8]. Über die Vorgaben durch die visuelle Wahrnehmung und die Erwartungshaltung des Betrachters Anforderungen ist definiert, welche Eigenschaften das Displaysystem erfüllen muss, um eine optimale Qualität der Darstellung zu erreichen. Weiter müssen alle Eigenschaften des Displays aufeinander abgestimmt sein. Es macht keinen Sinn einen großen Farbraum bei einem Display zu erreichen, wenn der Inhalt nicht darauf angepasst ist. Im Gegenteil führt dies zu einer anderen Darstellung als ursprünglich angedacht. Daher wurden ausgehend von der visuellen Wahrnehmung Parameter wie beispielsweise

Kontrast, Helligkeit, Farbtiefe, Auflösung, Pixeldichte, Größe des Displays definiert (Vgl. VESA-Norm [11]). Über Vorgaben dieser Eigenschaften in einer Display Spezifikationen kann dann ein entsprechendes Display definiert werden. Zusätzlich zu den Qualitätsaspekten müssen Themen der Ergonomie wie Beispielweise angepasste Schriftgrößen an den Abstand von Display zum Betrachter oder eine von der Umgebungshelligkeit abhängige, automatische Helligkeitseinstellung.

Tertiär muss der Energieverbrauch berücksichtigt werden. Der Energieverbrauch eines jeden elektrischen Verbrauchers führt im Automobil zu einem höheren Verbrauch, was gerade bei Elektrofahrzeugen eine spürbare Auswirkung auf die Reichweite hat. Da die Verlustleistung mit dem Energieverbrauch steigt, kommen zusätzlich Integrationsprobleme dazu. Um auch bei hohen Umgebungstemperaturen die Displayfunktionalität zu gewährleisten, muss ein Kühlkörper angebracht werden, wodurch die Größe und das Gewicht der Displaykomponente steigt.

2.4. OPTIMIERUNG VON DISPLAYS FÜR DEN EINSATZ IM FAHRZEUG

Um die Displayqualität für den Kunden zu optimieren, muss ein Display in allen sichtbaren Eigenschaften verbessert werden [12]. Eine Verbesserung an einer Stelle hat allerdings Auswirkungen auf eine andere Eigenschaft des Displays, wie in Abb. 2.2 skizziert.

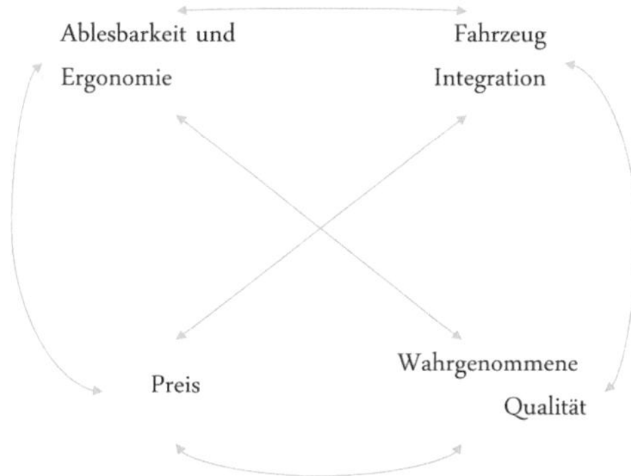

Abbildung 2.2.: Magic Circle der Zusammenhänge der Optimierung der Eignschaften von Display an die Anforderungen im Fahrzeug, nach [13]

Im automotiven Bereich werden heute vor allem Liquid Crystal Displays (LCDs) aus der Kategorie „Direct View - Light Switching" eingesetzt. Beispielsweise könnte zur Verbesserung der Ablesbarkeit des LC-Displays ein stärkeres Backlight eingesetzt werden, was wiederum Herausforderungen an die Integrierbarkeit in Bezug auf die Wärmeentwicklung und zusätzliche Kosten mit sich bringt.

Ein anderes Beispiel ist die Optimierung der Reflexionseigenschaften der Displayoberfläche. Dabei wird mittels Beschichtungen (Coatings) die Oberflächeneigenschaft des Displays so verändert, dass die Intensität des reflektierten Lichts minimiert und somit die Ablesbarkeit für den Betrachter (beispielsweise Fahrer) optimiert wird. Neben monetären Aspekten wird ebenfalls die wahrgenommene Qualität beeinflusst, da sich die optische Eigenschaft der Beschichtung nicht nur auf den reflektierten Anteil sondern auch auf das vom

Display ausgesandte Licht auswirkt. Auch auf die Fahrzeugintegration hat die Verwendung von Displaybeschichtungen eine Auswirkung, hier muss Beispielsweise die Haltbarkeit über den Temperaturbereich gewährleistet sein. Trotz dieses Spannungsfelds wurden in den letzten Jahren durch Hardwareoptimierungen große Verbesserungen erreicht. Zum Beispiel wurde der Kontrast für perpendikulare Betrachtung auf über 500 : 1 gesteigert und maximale Leuchtdichten von mehr als $400cd/m^2$ erzielt werden. Auch bei der Effizienz und dem möglichen Farbraum wurden große Fortschritte erreicht. Dies geschah vor allem durch technologische Weiterentwicklungen und an die Fahrzeugumgebung angepasste Kompromisse zwischen den Punkten des Magic Circles (Abb. 2.2).

Mit weiteren Funktionen, wie SplitView oder 3D-Displays, steigen die Herausforderungen an die Displayhardware weiter. Mit Methoden, die dynamisch den angezeigten Inhalt modifizieren, kann, wie in den folgenden Kapiteln gezeigt, ein generell besseres Resultat für den Displaybetrachter erzielt werden.

KAPITEL 3

WAHRNEHMUNG VON DISPLAYINHALTEN BEI UMGEBUNGSLICHT

3.1. BESTIMMUNG DER WAHRNEHMUNGSSITUATION

Umgebungslicht beeinflusst die Wahrnehmung von Displayinhalten [14], [15], [16], [17]. Dies wird maßgeblich durch zwei Einflussgrößen hervorgerufen:

- reflektierte Leuchtdichte L_r von der Displayoberfläche
- Schleierleuchtdichte L_v im Auge des Betrachters

Über die Fenster des Fahrzeugs kann Licht auf das Display E_i fallen, das dann von der Displayoberfläche reflektiert wird und als reflektierte Leuchtdichte L_r sichtbar wird. Gleichzeitig wird der Betrachter über die Windschutzscheibe durch eine Leuchtdichte L_g geblendet. Diese Blendleuchtdichte L_g führt, wie in Kapitel 3.1.2 diskutiert, durch die Streueigenschaften des Auges zu einer Schleierleuchtdichte L_v. Zur Bestimmung der aktuellen Wahrnehmungssituation werden in den folgenden zwei Kapiteln Methoden diskutiert, mit welchen der aktuelle Einfluss durch die Schleierleuchtdichte und die reflektierte Leuchtdichte im Fahrzeug bestimmt werden kann. Als Voraussetzung für den Einsatz in einem Fahrzeug muss die Methode robust und praktikabel umsetzbar sein.

3.1.1. REFLEKTIERTE LEUCHTDICHTE

Der Fahrer (die Methode gilt vice versa ebenfalls für den Beifahrer) betrachtet das Display aus der Betrachtungsposition θ_r^*, ϕ_r^*. Daraus folgt nach dem Reflexionsgesetz, dass die für den Fahrer sichtbare reflektierte Leuchtdichte $L_r(\theta_r^*, \phi_r^*)$ durch Licht aus dem Raumwinkel Ω_i^* mit der Richtung θ_i^*, ϕ_i^* bestimmt wird (Abbildung 3.1). Eine Möglichkeit zur Bestimmung der reflek-

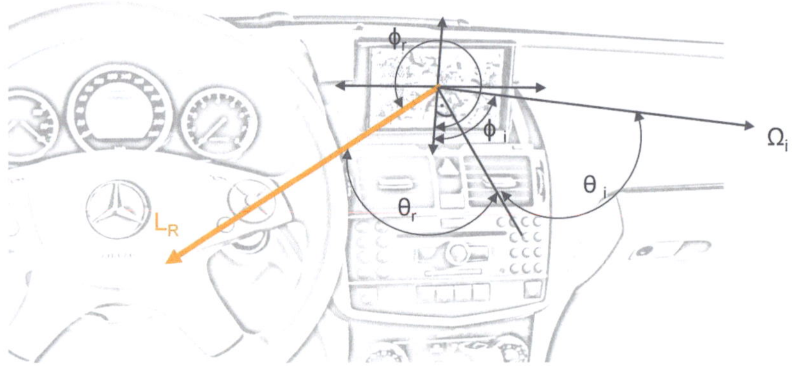

Abbildung 3.1.: Darstellung einer reflektierten Leuchtdichte $L_r(\theta_r, \phi_r)$ mit relevantem Einfallsbereich Ω_i in Richtung θ_i, ϕ_i

tierten Leuchtdichte ist die Messung direkt aus der Sicht des Fahrers. Im Auto ist die Messung aus dieser Position nicht möglich, da die Position durch den Fahrer belegt ist.

Eine weitere Möglichkeit der Bestimmung der reflektierten Leuchtdichte ist die Messung der einfallenden Beleuchtungsstärke E_i auf das Display und Berechnung der reflektierten Leuchtdichte mit Hilfe der Oberflächeneigenschaft (BRDF[1]) des Displays. Die BRDF beschreibt die Oberflächeneigenschaft ρ als das Verhältnis aus der differentiellen (reflektierten) Leuchtdichte dL_r und der

---

[1]Bidirectional reflectance distribution function

differentiellen Bestrahlungsstärke dE_i [18], in diesem Fall für einen Punkt x, y der Displayoberfläche:

$$BRDF = \rho(\theta_i, \phi_i, \theta_r, \phi_r, \lambda) = \frac{dL_r(\theta_r, \phi_r, \lambda)}{dE_i(\theta_i, \phi_i, \lambda)} \qquad (3.1)$$

Um die Methode praktisch umzusetzen, wird zur Vereinfachung angenommen, dass die Oberflächeneigenschaft ρ in erster Näherung über das Display konstant ist, keine spektrale Abhängigkeit aufweist und eine isotrope Oberflächeneigenschaft besitzt. Die Beschreibung der isotropen Oberflächeneigenschaft ρ vereinfacht sich damit zu [18]:

$$\rho(\theta_i, \phi_i, \theta_r, \phi_r)_{isotrop} = \rho(\theta_i, 0, \theta_r, \phi_r - \phi_i) \qquad (3.2)$$

Die reflektierte Leuchtdichte L_r ergibt sich durch Multiplikation der Oberflächeneigenschaft ρ mit der über die Displayoberfläche x, y konstanten Beleuchtungsstärke E_i und Integration über die möglichen Einfallswinkel des Lichts:

$$L_r(\theta_r, \phi_r) = \int_{-\pi}^{\pi} \int_{0}^{\pi/2} \rho(\theta_i, 0, \theta_r, \phi_r - \phi_i) \cdot E_i(\theta_i, \phi_i) \cdot sin(\theta_i) \cdot d\theta_i \cdot d\phi_i \qquad (3.3)$$

Um den Blick auf das Display nicht zu beeinflussen, wird die Messung der einfallenden Beleuchtungsdichte $E_i(\theta_i, \phi_i)$ *nahe* neben dem Display durchgeführt - mit der Annahme, dass die einfallende Beleuchtungsdichte durch den geringen Abstand äquivalent zur Displayoberfläche ist.

Als Herausforderung stellt sich jetzt noch die Konzeption des Lichtsensors zur Erfassung der Beleuchtungsstärke E_i dar. Für die Berechnung der reflektierten Leuchtdichte L_r mit der Formel 3.3 muss die einfallende Beleuchtungsstärke über die gesamte Halbkugel, aufgelöst über die Einfallswinkel θ_i, ϕ_i, gemessen werden. Die eigentlich interessante, für den Fahrer sichtbare Leuchtdichte aus L_r, entspricht der reflektierten Leuchtdichte nur an der Betrachtungsposition θ_r^*, ϕ_r^*:

$$L_{r,Fahrer} = L_r(\theta_r^*, \phi_r^*) \qquad (3.4)$$

Daraus folgt, um den Aufbau des Sensors zu vereinfachen, dass die Messung der Beleuchtungsstärke auf den für die reflektierte Leuchtdichte aus Sicht des Fahrer $L_{r,Fahrer}$ relevanten Raumwinkel Ω_i in der Richtung θ_i^*, ϕ_i^* reduziert werden kann. Mit $\theta_i^* = \theta_r^*$ und $\phi_i^* = (\phi_r^* - 180)$.

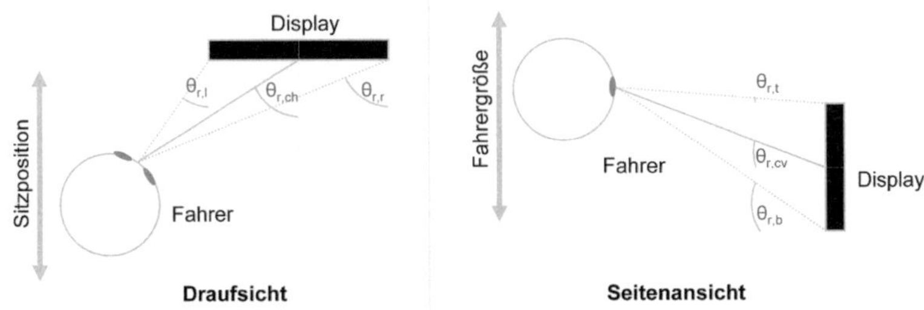

Abbildung 3.2.: Betrachtungswinkel θ_r des Fahrers und Abhängigkeit von der Sitzposition und Fahrergröße

Der Betrachtungswinkel θ_r^*, ϕ_r^* (Vgl. Abb. 3.1) wird primär von der Fahrzeuggeometrie sowie Größe und Sitzposition des Fahrers bestimmt. Darüber hinaus ergeben sich durch die Displaygröße (Breite w_d und Höhe h_d) unterschiedliche Betrachtungswinkel, von der linken $\theta_{r,l}$ über die Mitte $\theta_{r,ch}$ zur rechten $\theta_{r,r}$ bzw. von der unteren $\theta_{r,b}$ über die Mitte $\theta_{r,cv}$ zur oberen Kante $\theta_{r,t}$ des Displays (Vgl. Abb. 3.2). Über die unterschiedlichen Betrachtungswinkel variiert die reflektierte Leuchtdichte L_r in Abhängigkeit der Position x, y auf dem Display, wodurch im Umkehrschluss unterschiedliche Helligkeiten in Abhängigkeit von x, y notwendig wären. Zusätzlich müsste für jeden Fahrer die Sitzposition und Größe ermittelt werden, was aufwändige Messmethoden wie beispielsweise Head-Tracking erfordern würde.

Als praktikable Lösung bietet sich daher an, die Displayhelligkeit global anzupassen und als kritischen Betrachtungswinkel $\theta_{r,k}$, $\phi_{r,k}$ immer den Fall mit der größtmöglichsten reflektierten Leuchtdichte zu betrachten, d.h. für jeden anderen Betrachtungswinkel ist die reflektierte Leuchtdichte L_r geringer.

Korrespondierend zu den relevanten bzw. kritischen Einfallswinkeln $\theta_{r,k}$, $\phi_{r,k}$ muss, für die Vereinfachung der Messmethode, der Raumwinkel Ω_i für das einfallende Licht auf den, für die reflektierte Leuchtdichte aus Sicht des Fahrer, relevanten Bereich angepasst werden. Dafür wird die BRDF des Displays ρ über θ_r mit $\phi_{r,k} = const.$ für die kritische Einfallsrichtung $\theta_{i,k}$, $\phi_{i,k}$ vermessen. Die BRDF über dem Ausfallswinkel θ_r wird zur Minimierung des Raumwinkels Ω_i in einen relevanten und nicht relevanten Anteil unterschieden. Nicht relevant meint hier, dass der Einfluss zur reflektierten Leuchtdichte $L_{r,Fahrer}$

sehr gering ist. Zur Definition des relevanten Teils wird ein prozentualer Schwellenwert ρ_r, relativ zum Maximalwert ρ_{max}, definiert. Aus der BRDF werden dann die dazugehörigen Differenzwinkel $\Delta\theta_{r,1}$, $\Delta\theta_{r,2}$ zwischen ρ_{max} zu ρ_r ermittelt. Damit ergibt sich, unter Voraussetzung der *Helmholz-Reziprozität* [18], für die kritischen Einfallswinkel $\theta_{i,k}$, $\phi_{i,k}$ der relevante Raumwinkel Ω_i:

$$\Omega_i = \int_{(\phi_{i,k}-\Delta\theta_{r,1})}^{(\phi_{i,k}-\Delta\theta_{r,2})} \int_{(\theta_{i,k}-\Delta\theta_{r,1})}^{(\theta_{i,k}-\Delta\theta_{r,2})} \sin\theta \, d\theta \, d\phi \tag{3.5}$$

Für die Ermittlung der für den Fahrer relevanten reflektierten Leuchtdichte muss, mit der vorgestellten Methode, ein geringerer Raumwinkel der Beleuchtungsstärke gemessen werden. In Versuchen mit aktuellen Fahrzeugdisplays konnte der relevante Raumwinkel Ω_i bei $\rho_r = 0.01$ mit $\Delta\theta_{r,1} \approx 5°$, $\Delta\theta_{r,2} \approx 5°$ für die praktische Umsetzung der Messmethode entscheidend verringert werden. Durch den verringerten Raumwinkel ist es möglich einen Sensor aufzubauen, der im Fahrzeugumfeld praktikabel und robust funktioniert.

3.1.2. ÄQUIVALENTE SCHLEIERLEUCHTDICHTE

Schleierleuchtdichte entsteht wenn Umgebungslicht beim Eintritt in das Auge gestreut wird. Das gestreute Licht legt sich wie ein *Schleier* auf die Netzhaut. Die Schleierleuchtdichte an einem Punkt auf der Netzhaut ist abhängig vom Streuwinkel des Blendlichts θ zum Objekt, der Intensität des Umgebungslichts L_M und der Punktspreizfunktion (PSF) des Auges. Die Punktspreizfunktion ist wiederum abhängig vom Alter A und der Augenfarbe p des Betrachters [19]. In Bild 3.3 wird eine gesehene Szene auf der Netzhaut abgebildet. Ein hell leuchtendes Objekt innerhalb des Gesichtsfeldes wird durch die PSF gestreut und erzeugt damit eine ortsabhängige Schleierleuchtdichte auf der Netzhaut, wie in Bild 3.3 (weiße Pfeile) dargestellt. Die Beschreibung der Schleierleuchtdichte folgt dem Äquivalent der Leuchtdichte eines wahrgenommenen Objekts im Sichtfeld, man spricht daher von einer äquivalenten Schleierleuchtdichte. Im Vergleich zur Messung der relevanten reflektierten Leuchtdichte muss für die Bestimmung der äquivalenten Schleierleuchtdichte eine andere

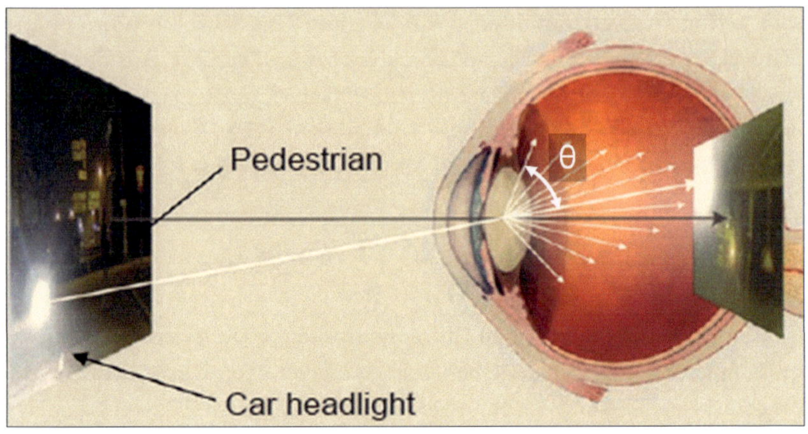

Abbildung 3.3.: Visualisierung von Streulicht im Auge. Quelle [20]

Methode verwendet werden. Eine direkte Messung der Schleierleuchtdichte würde bedeuten, dass ein Sensor auf der Netzhaut des Betrachters angebracht werden muss. Nach Holladay [21], Stilles [22] und Vos und Van den Berg [19] variiert die PSF in Abhängigkeit des Streuwinkels θ. Durch eingehende Untersuchungen seit Anfang des zwanzigsten Jahrhunderts wurde für den CIE Standard Beobachter [19] die $PSF(\theta)$ (Formel 3.6, Abbildung 3.4) definiert.

$$
\begin{aligned}
PSF(\theta) = {} & \left[(1 - 0.08) \cdot (A/70)^4 \right] \\
& \cdot \left[\frac{9.2 \cdot 10^6}{(1 + (\theta/0.0046)^2)^{1.5}} + \frac{1.5 \cdot 10^5}{[1 + (\theta/0.0045)^2]^{1.5}} \right] \\
& + \left[1 + 1.6 \cdot (A/70)^4 \right] \\
& \cdot \left\{ \left[\frac{400}{1 + (\theta/0.1)^2} + 3 \cdot 10^{-8} \cdot \theta^2 \right] + p \right. \\
& \left. \cdot \left[\frac{1300}{[1 + (\theta/0.1)^2]^{1.5}} + \frac{0.8}{[1 + (\theta/0.1)^2]^{0.5}} \right] \right\} \\
& + 0.0025 \cdot p
\end{aligned}
\tag{3.6}
$$

Die PSF ist rotationssymetrisch, daher muss nur die Abhängigkeit über θ für

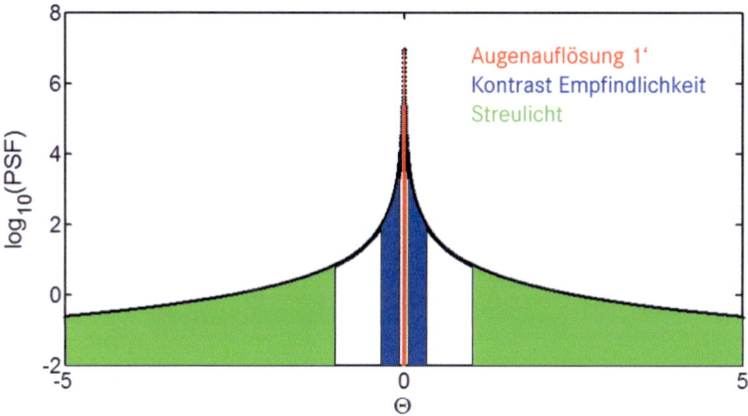

Abbildung 3.4.: PSF des Auges nach CIE-Standardbeobachter. Nach [20]

die zweidimensionale Berechnung herangezogen werden.

$$PSF_{2D} = PSF(\theta, \varphi) = PSF(\theta) \tag{3.7}$$

Da angenommen werden kann, dass im Auge kein Licht verloren geht, ist es möglich die PSF aus Formel 3.6, über das menschliche Gesichtsfeld, entsprechend zu normieren [23].

$$PSF^* \rightarrow \int_0^{\frac{100\pi}{180}} PSF(\theta)2\pi sin(\theta)d\theta = 1 \tag{3.8}$$

Das wahrgenommene Erscheinungsbild und damit die Schleierleuchtdichte L_v einer beliebigen Szene kann für den CIE-Standardbeobachter mit der Formel 3.8 exakt bestimmt werden. Dazu wird die PSF mit einer Maske der Blendleuchtdichte L_M gefaltet.

$$L_v = PSF \otimes L_M \tag{3.9}$$

Um die Schleierleuchtdichte wie sie für die Beobachtung eines Displays im Fahrzeug auftritt zu berechnen, wird als Grundlage ein CAD[2]-Modell des Fahrzeuginnenraum (Abbildung 3.5) verwendet.

---

[2]Computer-aided design

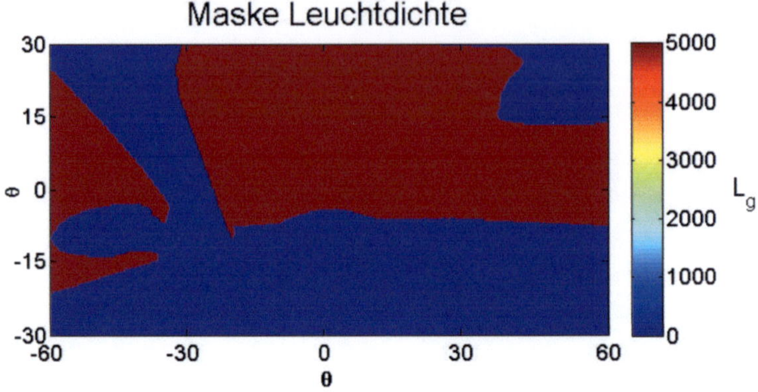

Abbildung 3.5.: Maske zur Berechnung der äquivalenten Schleierleuchtdichte

Mit der Maske es möglich die äquivalente Schleierleuchtdichte für Bereiche des Fahrzeuginnenraums, beispielsweise das Kombi- oder Zentraldisplay, zu bestimmen. Die Blickrichtung des CAD-Modells 3.5 entspricht der Sicht des Fahrer, mit einem Winkelbereich vom Zentrum horizontal $\theta_{CAD,h} = -60° \dots +60°$ und vertikal $\theta_{CAD,v} = -30° \dots +30°$. Für die Berechnung der Schleierleuchtdichte werden im Modell die blauen Flächen 3.5 mit der Blendleuchtdichte L_g und der Innenraum als schwarz angenommen. Als Ergebnis ergibt sich die Schleierleuchtdichte L_v, wie in Abbildung 3.6 logarithmisch dargestellt.

Die mittlere Schleierleuchtdichte über dem zentralen Display (CID="Central Information Display") $\overline{L}_{V,CID}$ (Bild 3.6, weißer Rahmen) und über dem Display für die Tachoanzeige $\overline{L}_{V,COMBI}$ (Bild 3.6 grauer Rahmen) kann unter Zuhilfenahme des Ergebnisses aus der Berechnung 3.9 bestimmt werden. Für die gegebene Fahrzeugumgebung (Mercedes-Benz S-Klasse, Baujahr ab 2005) ergibt sich beispielsweise folgendes Ergebnis:

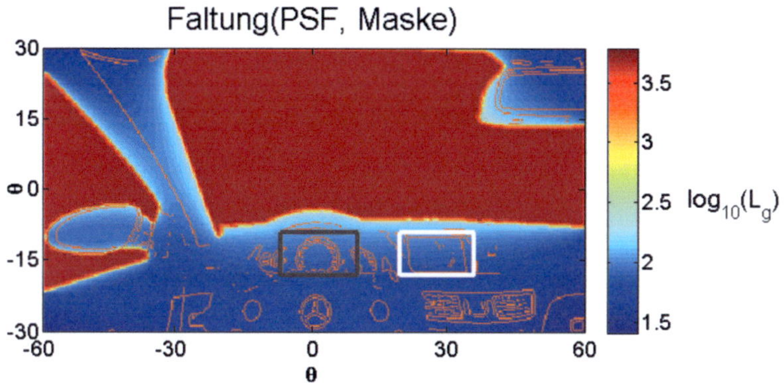

Abbildung 3.6.: Berechnete Schleierleuchtdichte

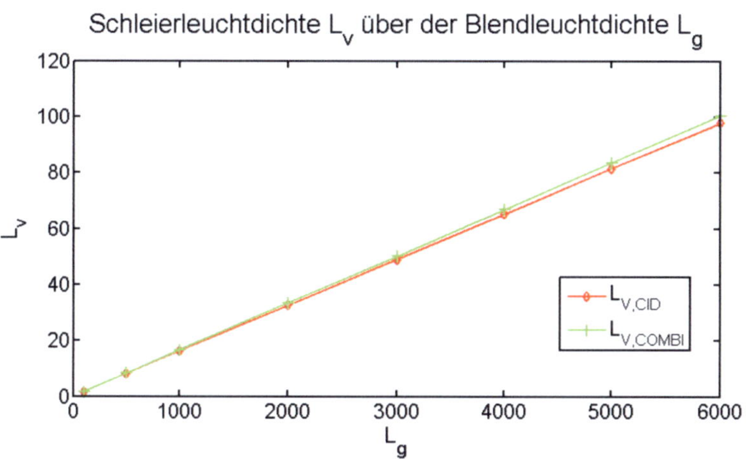

Abbildung 3.7.: Schleierleuchtdichte für das Zentralen Display $\overline{L}_{V,CID}$ und Tachoanzeige $\overline{L}_{V,COMBI}$

3.2. UMGEBUNGSLICHTSITUATIONEN IM FAHRZEUG

Die Lichtsituationen im Fahrzeug unterscheiden sich essentiell von den bekannten Einsatzgebieten von Displays, wie beispielsweise im Büro oder im Wohnzimmer. Insbesondere der Dynamikbereich ist im automotiven Umfeld von heller Sonne über Tag, Nacht, Dämmerung bis zu sehr dunklen Situationen in der Nacht sehr weit gespannt.

Einen Überblick über die automotiven Umgebungslichtbedingungen ist in Tabelle 3.1 dargestellt. In der Arbeit von Michael Jentsch [24] wurden die typischen automotiven Lichtbedingungen untersucht und in fünf wetterabhängige Kategorien eingeteilt (E_i : Beleuchtungsstärke des Displays, L_g : Blendleuchtdichte des Fahrers durch die Windschutzscheibe). Erweitert ist die Übersicht durch die Werte aus der SAE J1757-1 [5], sowie für die Blendleuchtdichte bei Nacht durch Khahn [25].

Tabelle 3.1.:

Lichtbedinungen im Auto nach [24], [25] und [5]

	$L_g[cd/m^2]$[24]	$E_i[lx]$ [24]	$E_i[lx]$ [5]
Sonnenschein direkt	$1.4k\dots4.3k$	$2k\dots95k$	$10k\dots100k$
Sonnenschein indirekt	$1.1k\dots6k$	$2k\dots9k$	$500\dots10k$
Bewölkt	$6k\dots11k$	$2k\dots9k$	$500\dots10k$
Bewölkt/regnerisch	$40\dots500$	$300\dots1.3k$	$50\dots500$
Dämmerung	$0.8\dots40$	$3\dots90$	$50\dots500$
Nacht aus [25] und [5]	$0.05\dots10$	-	$0\dots50$

3.3. EINFLUSS DURCH UMGEBUNGSLICHT

Im Auge des Betrachters addiert sich die reflektierte Leuchtdichte L_r mit der Schleierleuchtdichte L_v so, dass von einem Leuchtdichteeinfluss L_e gesprochen werden kann:

$$L_e = L_r + L_v \tag{3.10}$$

Der Leuchtdichteeinfluss L_e überlagert sich additiv zu den auf dem Display dargestellten Leuchtdichten $L(g)$ der Graustufen g des Displays zu umgebungslichtabhängigen Leuchtdichten $L^*(g)$ der Graustufen g:

$$L^*(g) = L(g) + L_e \tag{3.11}$$

Daraus folgt, dass durch den Umgebungslichteinfluss die angedachte Graustufendarstellung verändert wahrgenommen wird.

Für gewöhnlich ist es mit erheblichem Aufwand verbunden, die Lichtsituationen im Fahrzeug nachzustellen und dann die Einflüsse auf die Wahrnehmung des Inhalts zu betrachten. Mit den in Kapitel 3.3.1 und 3.3.2 vorgestellten Methoden ist es möglich, ohne real vorhandenem Umgebungslicht, die Wahrnehmung der Inhalte bei einem gewünschten Umgebungslichtlevel zu simulieren. Die erste Methode deckt dabei den Einfluss durch den Kontrastverlust, global sowie innerhalb der Graustufen g, ab. Mit der zweiten Methode ist es möglich, zusätzlich noch die Adaption des Betrachter, die Änderung der Wahrnehmung der Farbsättigung, die Eigenschaften des Displays (z.B. Farbraum) und die Farbtemperatur des Umgebungslichts mit zu berücksichtigen.

3.3.1. SIMULATIONSMODELL 1

Mit diesem Modell soll die Wahrnehmung von Displayinhalten bei Umgebungslichteinfluss simuliert werden. Die Wahrnehmung der Displayinhalte bei Umgebungslicht, wird durch gezielte Graustufenanpassung im Bildmaterial erreicht. Das so modifizierte Bildmaterial kann dann auf einem anderen Display ohne Umgebungslicht angezeigt und so die Umgebungslichteffekte betrachtet werden.

Dazu wird im Simulationsmodell der Einfluss durch das Umgebungslicht L_e auf das Bildmaterial in Abhängigkeit

- der maximalen Displayhelligkeit $L_{w,s}$ und des maximalen Kontrastes $C_{r,s}$ des zu simulierenden Displays (z.B. Display im Fahrzeug) sowie
- der maximalen Displayhelligkeit $L_{w,d}$ und des maximalen Kontrastes $C_{r,d}$ des darstellenden Displays (z.B. Display im Büro) und
- der Darstellung von Graustufen auf dem Display

berechnet. Der Einfluss durch Umgebungslicht wird dabei in zwei Stufen ermittelt:

1. Simulation der Verringerung des wahrnehmbaren Kontrastumfangs und
2. Simulation der Verringerung der wahrnehmbaren Graustufen

Verringerung des wahrnehmbaren Kontrastumfangs

Wird ein Display bei Umgebungslicht betrachtet, addiert sich zur Leuchtdichte des Displays L_w der Umgebungslichteinfluss L_e (Gleichung 3.11). Durch die Addition des Umgebungslichts verringert sich der wahrnehmbare Kontrastumfang $\tilde{C}_{r,s}(L_e)$ der dargestellten Inhalte auf dem Display:

$$\tilde{C}_{r,s}(L_e) = \frac{L_{w,s} + L_e}{\frac{L_{w,s}}{C_{r,s}} + L_e} \tag{3.12}$$

Um dies zu berücksichtigen, wird in der Simulation der Kontrastumfang des Bildmaterials ebenfalls um den entsprechenden Faktor vermindert. Dafür wird die maximal verwendete Leuchtdichte $\tilde{L}_{w,d}$ des angezeigten Bildmaterials auf dem darstellenden Displays entsprechend skaliert.

$$\tilde{L}_{w,d} = L_{w,d} \cdot \frac{\tilde{C}_{r,s}(L_e)}{C_{r,d}} \tag{3.13}$$

Auf dem darstellenden Displays können nur Kontraste kleiner oder gleich des maximalen Kontrastes simuliert werden, der Wertebereich für $C_{r,s}(L_e)$ ergibt sich daher zu:

$$0 \leq \tilde{C}_{r,s}(L_e) \leq C_{rD} \tag{3.14}$$

Die Leuchtdichte $\tilde{L}_{w,d}$ muss für die Simulation in eine korrespondierende Graustufe umgewandelt werden. Wie durch Poynton [26] beschrieben, werden, um eine lineare Wahrnehmung von dargestellten Graustufen zu erreichen, die korrespondierenden Leuchtdichten zu den Graustufen mittels einer Gamma-Korrektur nichtlinear auf dem Display angezeigt. Laut Mantiuk et al. [17] kann diese nichtlineare Abhängigkeit der Leuchtdichten $L(g)$ von den Graustufen g für fast alle CRT und LC-Displays mit folgendem nichtlinearen Modell beschrieben werden:

$$L(g) = \left(\frac{g}{2^W - 1}\right)^\gamma \cdot \left(L_w - \frac{L_w}{C_r}\right) + \frac{L_w}{C_r} \tag{3.15}$$

Wobei γ die nichtlineare Anpassung der Leuchtdichte an die Wahrnehmung beschreibt [26] und W die Graustufenauflösung in Bit angibt. Die korrespondierende Graustufe $\tilde{g}_{w,d}$ zu $\tilde{L}_{w,d}$ berechnet sich nach dem Modell von Mantiuk et al. [17], Gleichung 3.15 wie folgt:

$$\tilde{g}_{w,d} = \left(\frac{\tilde{L}_{w,d} - \frac{L_{w,d}}{C_{r,d}}}{L_{w,d} - \frac{L_{w,d}}{C_{r,d}}}\right)^{\frac{1}{\gamma}} \cdot 2^W = \left(\frac{\tilde{C}_{r,s}(L_e) - 1}{C_{r,d} - 1}\right)^{\frac{1}{\gamma}} \cdot 2^W \tag{3.16}$$

Verringerung der wahrnehmbaren Graustufenunterschiede

Durch das zusätzliche Umgebungslicht wird, neben der Verringerung des wahrnehmbaren Kontrastumfangs, auch die Wahrnehmung der nichtlinear dargestellten Graustufen geändert. Wie erwähnt, werden, um eine lineare Wahrnehmung von dargestellten Graustufen zu erreichen, die Graustufen nichtlinear als eine Leuchtdichte auf dem Display dargestellt. Diese nichtlineare Darstellung ist notwendig, da unsere visuelle Wahrnehmung Licht relativ wahrnimmt, wie im Weber'schen Gesetz beschrieben [27]. Zum Beispiel können zwei Leuchtdichten bei Raumlicht von mit $L_1 = 1cd/m^2$ und $L_2 = 1.01cd/m^2$ unterschieden werden, was bei höheren Leuchtdichten $L_1 = 10cd/m^2$ und $L_2 = 10.01cd/m^2$ trotz der gleichen Differenz nicht mehr gelingt. In der ITU 709 [28] wird die nichtlineare Wahrnehmung mit eine Funktion bestehend aus einem linearen und einem nichtlinearen Anteil beschrieben. In erster Näherung ist die Funktion in der ITU709 die inverse Funktion der dargestellten Leuchtdichten auf dem Displays, wenn in Gleichung 3.15 $\gamma = 2.2$ und der Kontrast $C_r = \infty$ angenommen wird. Die Wahrnehmung von dargestellten Graustufen $p(g)$ kann mit dieser Näherung wie folgt beschrieben werden:

$$p(g) = \left(\frac{L(g)}{L_0} \right)^{\frac{1}{\gamma}} \tag{3.17}$$

Wobei L_0 die aktuelle maximale Leuchtdichte im Gesichtsfeld darstellt. Bei Betrachtung des zu simulierenden Displays verändert sich die Wahrnehmung der dargestellten Graustufen $\tilde{p}(g, L_e)$ durch das zusätzliche Umgebungslicht.

$$\tilde{p}(g, L_e) = \left(\frac{L_{w,s}(g) + L_e}{L_0} \right)^{\frac{1}{\gamma}} \tag{3.18}$$

Das Auge adaptiert sich bei Umgebungslicht [8] um die aktuellen Leuchtdichten im Gesichtsfeld optimal wahrzunehmen. Mit der Annahme, dass bei Umgebungslicht durch die Adaption die dunkelste Graustufe g_{min} als dunkelstes Schwarz wahrgenommen wird, kann ein eventueller Offset bei der Wahrnehmung der dargestellten Graustufen abgezogen werden:

$$\tilde{p}(g, L_e)_a = \tilde{p}(g, L_e) - \tilde{p}(g, L_e)_{min} \tag{3.19}$$

Um die Veränderung der wahrgenommenen Graustufen auf dem darstellenden Display anzuzeigen, wird der Effekt im Bildmaterial simuliert. Dazu werden zuerst die darzustellenden Leuchtdichten mit simuliertem Umgebungslichteinfluss $\grave{L}(g)$ wie folgt berechnet:

$$\grave{L}(g) = (\tilde{p}(g, L_e))^{\gamma} \tag{3.20}$$

Aus den darzustellenden Leuchtdichten $\grave{L}(g)$ können nun mit dem Modell von Mantiuk et al. [17] die Graustufen $\mathring{g}$ für die Darstellung berechnet werden:

$$\mathring{g} = \left(\frac{\grave{L}(g) - \frac{L_{w,d}}{C_{r,d}}}{L_{w,d} - \frac{L_{w,d}}{C_{r,d}}} \right)^{\frac{1}{\gamma}} \cdot 2^{W} \tag{3.21}$$

Wobei $\mathring{g}$, um den Kontrastverlust zu simulieren, auf den Wertebereich $0 \leq \mathring{g} \leq \tilde{g}_{w,d}$ skaliert werden muss. Als Ergebnis für eine Lichtsituation entsteht eine neue Graustufencharakteristik die dann auf das zu simulierende Bild angewandt wird.

Abbildung 3.8.: Visualisierung der Graustufenwahrnehmung bei einem simulierten Umgebungslichteinfluss von $L_e = 0.1 \cdot L_{w,s}$ für eine Betrachtung an einem Monitor mit $C_{r,d} = 150 : 1$; **1** Originalbild; **2** Simulation der Wahrnehmung bei Umgebungslicht, Bildquelle: [29]

3.3.2. SIMULATIONSMODELL 2

Mit dem Simulationsmodell in Abschnitt 3.3.1 ist es möglich den Umgebungslichteinfluss auf die Wahrnehmung von Displayinhalten zu simulieren. Mit
diesem Modell soll es zusätzlich möglich sein, folgende weitere Punkte zu
berücksichtigen:

- Adaptionsverhalten in Abhängigkeit des Umgebungslichts
- wahrgenommene Sättigungsverluste
- Farborte der Primärvalenzen des Display
- Farbtemperatur des Umgebungslicht

Die Simulation der Effekte wird ebenfalls durch eine Anpassung der dargestellten Graustufen erreicht. Für die Simulation wird das Bildmaterial in
sechs Schritten wie in Bild 3.9 dargestellt bearbeitet. Im ersten Schritt wird für

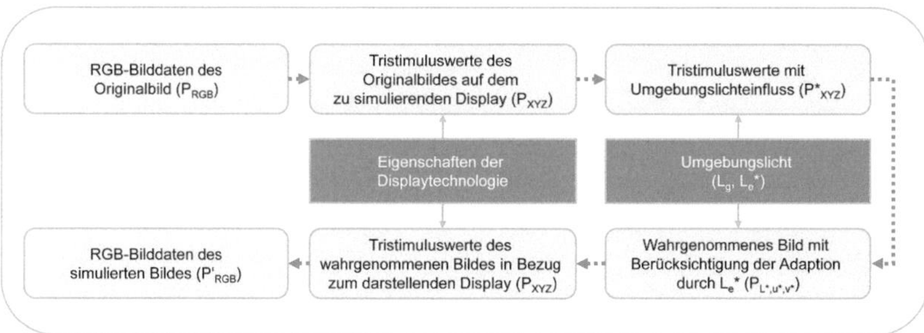

Abbildung 3.9.: Struktur des zweiten Simulationsmodell zur Visualisierung
der umgebungslichtabhängigen Wahrnehmung von Displayinhalten

jedes Pixel aus den RGB-Bilddaten P_{RGB} der dazugehörige Tristimuluswerte
P_{XYZ} [27] berechnet. Dabei werden für die Umrechnung die Farborte x_c, y_c
und Gamma-Werte γ_c der Primärvalenzen c des zu simulierenden Displays
verwendet. Der Leuchtdichteeinfluss durch Umgebungslicht L_e wird mit einer
Farbtemperatur, beispielsweise Tageslicht D65: $[X_e\,Y_e\,Z_e]_{D65} = [0.95\,1\,1.09]$,
angenommen. Je nach Tageszeit oder Bedarf kann eine angepasste Farbtemperatur angenommen werden. Die Tristimuluswerte $[X_e\,Y_e\,Z_e]$ des Umgebungslichts liegen normiert zu Y_e vor, der Umgebungslichteinfluss muss daher

relativ zur Displayhelligkeit betrachtet werden. Der relative Umgebungslicht-einfluss L_e^* ergibt sich zu:

$$L_e^* = [X_e\ Y_e\ Z_e]_{D65} \cdot \frac{L_e}{L_w} \tag{3.22}$$

Für die Simulation wird der relative Umgebungslichteinfluss L_e^* zu den Tri-stimuluswerten des Originalbildes auf dem zu simulierenden Display P_{XYZ} addiert:

$$P_{XYZ}^* = P_{XYZ} + L_e^* \tag{3.23}$$

Nach der Addition des Umgebungslichts wird jedes Pixel in das CIE1976 Modell [27] umgerechnet. Dabei wird die Adaption in Abhängigkeit des Um-gebungslichts und die Wahrnehmung der dargestellten Graustufen durch das Modell berücksichtigt. Die kritische Variable ist hier die Leuchtdichte des Re-ferenzweiß L_r. Im Fall des Fahrzeugs kann davon ausgegangen werden, dass der Betrachter vorrangig durch die Blendleuchtdichte beeinflusst ist. Daher kann die Blendleuchtdichte L_g (Vgl. Abschnitt 3.1.2 und 3.2) als Leuchtdichte L_r des Referenzweiß verwendet werden.

$$L_r = L_g \tag{3.24}$$

Für das verwendete Referenzweiß wird die Farbtemperatur $[X_r\ Y_r\ Z_r]$, bei-spielsweise Tageslicht D65: $[X_r\ Y_r\ Z_r]_{D65} = [0.95\ 1\ 1.09]$, angenommen.
Zur Anzeige des so simulierten wahrgenommenen Bildeindrucks, werden aus-gehend von $P_{L^*u^*v^*}$ die korrespondierenden Tristimuluswerte P'_{XYZ} berechnet. Dabei wird als Referenzweiß die Blendleuchtdichte und Farbtemperatur am darstellenden Display betrachtet. Für die Umrechnung von P'_{XYZ} nach P'_{RGB} werden die Farborte x'_c, y'_c und Gamma-Werte γ'_c der Primärvalenzen c des anzeigenden Displays verwendet. Das dargestellte RGB-Bild P'_{RGB} entspricht dann der Wahrnehmung des simulierten Displays eines CIE1976-Beobachters bei Umgebungslicht. In Bild 3.10 ist das Ergebnis einer Simulation für ein sRGB-Display mit einer maximalen Displayhelligkeit von $L_w = 400 cd/m^2$ bei einem Umgebungslichteinfluss $L_e = 0.1 \cdot L_w$, mit einer Farbtemperatur D65 und einer Adaptionsleuchtdichte von $L_r = 2500 cd/m^2$ dargestellt, was einen durchschnittlichen Sonnentag in einem geschlossenen Fahrzeug entspricht. In den Bildern 3.11 und 3.12 ist der wahrgenommene Farbraum für ein sRGB-Display mit $L_w = 400 cd/m^2$ im CIE1976 L*u*v* Farbraum dargestellt. Bei

Abbildung 3.10.: Visualisierung der Wahrnehmung für ein sRGB-Display, links: Darstellung des Farbraums im CIE 1976 UCS Diagramm mit (innerer) und ohne Umgebungslicht (äußerer Farbraum), mitte: Originalbild, rechts: Simulierter Umgebungslichteinfluss, Bildquelle: [29]

Umgebungslichteinfluss $L_e = 0.1 \cdot L_w$ und einer Adaptionsleuchtdichte von $L_a = 2500 cd/m^2$ (Bild 3.12) schrumpft der wahrnehmbare Farbraum in Kontrast sowie Farbabstand.

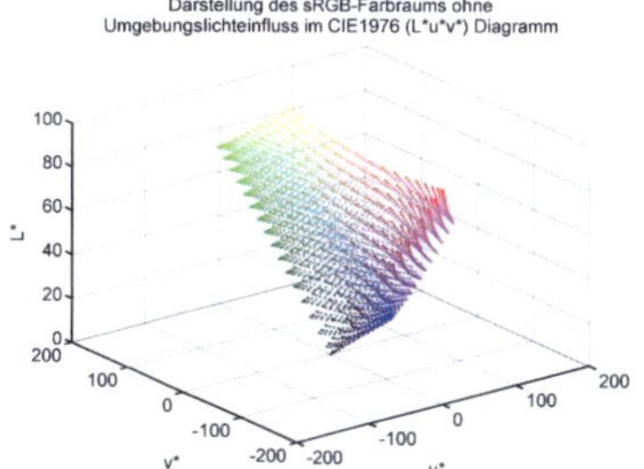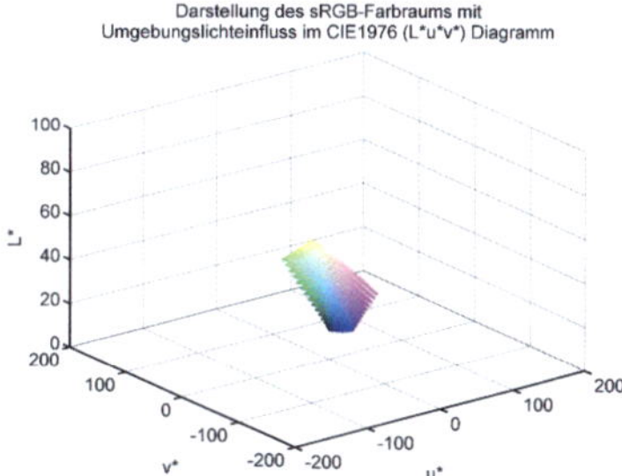

Abbildung 3.11.: Wahrgenommener Farbraum eines sRGB Displays **ohne** simuliertes Umgebungslicht

Abbildung 3.12.: Wahrgenommener Farbraum eines sRGB Displays **mit** simuliertem Umgebungslicht

3.4. Diskussion

Im Auto kann der Betrachter die Wahrnehmungssituation des Displayinhalts kaum oder gar nicht verändern - beispielsweise durch Drehen, Kippen oder Betrachtung des Displays an einem anderen Ort. Dadurch ist im Fahrzeug gegenüber der Comsumer Electronic wichtig, den aktuellen visuellen Wahrnehmungszustand festzustellen. In diesem Kapitel wurden Methoden zur Ermittlung der visuellen Wahrnehmungssituation im Automobil vorgestellt. Beide Methoden basieren auf bekannten Modellen und wurden in dieser Arbeit auf die speziellen Anforderungen im Fahrzeug angepasst.

Basierend auf den Umgebungslichteinflüssen wurden zwei Modelle diskutiert. Mit beiden Modellen ist es möglich, den Umgebungslichteinfluss auf Displayinhalte zu simulieren. Dadurch können Umgebungslichteinflüsse auf verschiedenste Bildmaterialen, wie beispielsweise Menübilder, betrachtet und nach Bedarf optimiert werden. Darüber hinaus ergibt sich dadurch die Möglichkeit unterschiedliche Displayhelligkeiten für verschiedene Umgebungslichteinflüsse zu betrachten und somit die optimale, im Bezug auf den Energieverbrauch und Qualitätseindruck, Displayhelligkeit zu ermitteln.

Die erste Methode kann auf eine „Graustufen zu Graustufen" Abbildung zurück geführt werden, was eine Simulation für eine Umgebungslichtsituation mittels einfachen technischen Voraussetzungen ermöglicht.

Um Details wie zum Beispiel Farbunterschiede oder Displayeigenschaften sichtbar zu machen kann das zweite Simulationsmodell verwendet werden. Zukünftig kann das Simulationsmodell noch durch eine Simulation der Oberflächeneigenschaft (Coatings) oder der Abstrahlcharackteristik erweitert werden und mittels Verwendung von weiterentwickelten, perzeptiv besser linearen Farbräumen wie CIE2000 [30], CIECAM02 [31] oder dem iCAM Framework [32] noch präzisiert werden - was im Gegenzug aber auch mehr Implementierungs- und Rechenaufwand erfordert.

KAPITEL 4

INTELLIGENTE STEUERUNG DER DISPLAYHELLIGKEIT

Um bei hellen Umgebungslichtbedingungen die Ablesbarkeit gemäß der ISO15008 [4] und SAE1757 [5] zu gewährleisten, wird bei Fahrzeugdisplays eine maximale Leuchtdichte des Display L_w von $400...500 cd/m^2$ benötigt. Eine solche Leuchtdichte hat bei dunklen Umgebungsbedingungen zur Folge, dass der Betrachter in erheblichem Maß durch das Display geblendet wird [33]. Darüber hinaus hat eine hohe Displayhelligkeit eine nicht zu vernachlässigende Wärmeentwicklung sowie einen hohen Energiebedarf zur Folge (Vgl. Kapitel 2.4).

Abbildung 4.1.: Typische Blendungsituation des Fahrers. Bildquelle: [2]

Heutzutage wird Anhand einer am Display montierten Lichtsensorik das auf das Display einfallende Umgebungslicht detektiert und die Displayhelligkeit entsprechend geregelt. Dadurch wird die Blendung des Fahrers bei Nacht vermieden und die Ablesbarkeit bei Tag gewährleistet. Wie Kapitel 3.1.2 diskutiert, wird die Wahrnehmung der Displayinhalte nicht nur durch reflektiertes Licht von der Displayoberfläche, sondern auch durch Effekte bei Blendung beeinflusst. Wird der Fahrer beispielsweise durch eine tief stehende Sonne geblendet, so entsteht im Auge des Betrachters eine Schleierleuchtdichte, diese wird aber in den aktuellen Umsetzungen durch die Abschattung des Displaybereichs (Vgl. Abb. 4.1) nur implizit über Reflexionen im Innenraum durch den Sensor detektiert.

Zusätzlich ist die Empfindlichkeit des Auflichtsensors nicht an den in Kapitel 3.1.1 beschriebenen Winkelbereich angepasst. Dies kann dazu führen, dass bei irrelevanten Einfallswinkeln der Beleuchtungsstärke (Vgl. Kapitel 3.1.1) das Display zu hell oder bei relevanten Einfallswinkeln zu dunkel ist.

Ein weiterer limitierender Faktor ist der nicht an die Dynamik der Umgebungslichtsituationen im Fahrzeug (Vgl. Kapitel 3.2) angepasste Messbereich des Lichtsensors. Ein zu geringer Dynamikbereich hat zur Folge, dass der maximale Sensorwert schon bei relativ dunklen Umgebungslichtbedingungen erreicht wird. Als Konsequenz muss daher schon bei relativ dunklen Umgebungslichtbedingungen die maximale Displayhelligkeit eingestellt werden. Hieraus lassen sich die drei folgenden Zielfunktionen ableiten:

- Betrachtung der reflektierten Leuchtdichte sowie Schleierleuchtdichte
- Situationsangepasste Regelung der Displayhelligkeit
- Korrelation der Sensorwerte zur Wahrnehmungsituation des Betrachters

4.1. DIMMKONZEPT

Die aktuelle visuelle Wahrnehmungsituation wird in dieser Arbeit durch ein, auf die fahrzeugspezifischen Gegebenheiten angepasstes, Lichtsensorkonzept ermittelt. In der Arbeit von Jung [34] wird die aktuell reflektierte Leuchtdichte L_r über die Messung der Beleuchtungsdichte mittels einem horizontal winkelaufgelösten Lichtsensor ermittelt. Die Blendsituation wird durch einen an der Innenseite der Windschutzscheibe angebrachten Sensor für die Leuchtdichte erfasst. Der Blendlichtsensor misst dabei die Blendlichtdichte im Blickfeld des Fahrers, wie in Bild 4.2 dargestellt. Dabei wird als Näherung davon ausgegangen, dass die gemessene Leuchtdichte im Blickbereich des Fahrers homogen über der Windschutzscheibe ist. In der in dieser Arbeit vorgestellten Struktur

Abbildung 4.2.: Messbereich des Blendlichtsensors

des Dimmalgorithmus (Abb. 4.3) wird die aktuelle Wahrnehmungssituation L_e, auf Basis der Messwerte der Sensoren für L_g und der Beleuchtungsstärke E_i, mit den Methoden aus Kapitel 3 berechnet.

Wird weißes Papier bei verschiedenen Umgebungslichtsituationen betrachtet, hat eine schwarze Schrift auf dem hellen Papier immer den gleichen Kontrast, da die Leuchtdichte des Papiers und der Schrift sich in Abhängigkeit der Beleuchtung gleichmäßig ändern. Die Displayhelligkeit bei Umgebungslicht $L'_w(L_e)$ wird daher in diesem Konzept so geregelt, dass bei einem Umgebungslicht L_e der wahrgenommenen Kontrast $C_{r,c}$ konstant ist. Dafür muss in Abhängigkeit des Umgebungslichteinflusses L_e die maximale Helligkeit des Displays $L'_w(L_e)$ mit der Formel 3.12 nach folgendem Zusammenhang eingestellt werden:

$$L'_w(L_e) = C_{r,c} \cdot \left(\frac{L_w}{C_r} + L_e\right) - L_e \qquad (4.1)$$

Die Displayhelligkeit kann maximal bis zur maximalen Leuchtdichte L_w des Display geregelt werden, daher gilt $L'_w(L_e) \leq L_w$.

Zur Absicherung der Messwerte wird über die Geoposition der aktuelle Son-

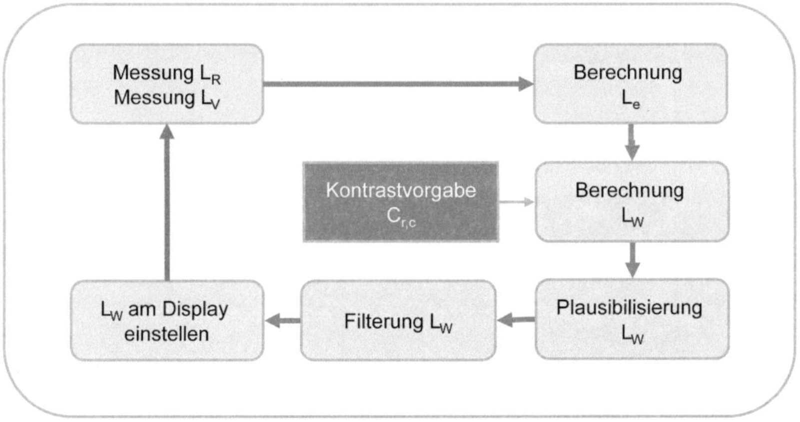

Abbildung 4.3.: Struktur des Dimming Algorithmus.

nenstand berechnet und eine Plausibilisierung der Messwerte für die Blendleuchtdichte L_g, Beleuchtungsstärke E_i sowie der Displayhelligkeit $L'_w(L_e)$ abgeleitet. Somit können Werte für die Blendleuchtdichte von $L_g > 40cd/m^2$ und die Beleuchtungsstärke von $E_i > 500lx$ für Dämmerungs- und Nachtsituationen ausgeschlossen werden (Vgl. 3.2). Die Blendung des Fahrers durch das Display bei Nacht wird durch eine Limitierung der Diplayhelligkeit $L'_w(L_e) = L_w^{Nacht}$ in der Nachtsituation gewährleistet.

Eine Änderung der Displayhelligkeit $L'_w(L_e)$ soll vom Betrachter nicht wahrgenommen werden. Ein sichtbares Flackern kann entstehen, wenn die Helligkeit $L'_w(L_e)$ direkt auf das Display gegeben wird. Daraus folgt, dass eine Filterung der Displayhelligkeit notwendig ist. Gleichzeitig gibt es Situationen in denen sich das Umgebungslicht in der Amplitude stark ändert z.B. bei einer Tunnel Ein- oder Ausfahrt. Hier ist es notwendig die Backlighthelligkeit relativ schnell anzupassen. Darüber hinaus können in dunklen Situationen Adaptionsbereiche $L_a < 30cd/m^2$ erreicht werden, in denen das Weber'sche Gesetz nicht mehr konstant $\Delta L/L = 0.01$ ist. In diesem Bereich muss ein höherer Kontrast eingestellt werden. Für die Einstellung der Displayhelligkeit lassen sich vier Ziele zusammenfassen:

- vermeiden von Flackern
- schnelle Anpassung der Helligkeit wenn notwendig (Beispiel: Tunneleinfahrt)
- unauffällige/unsichtbare Helligkeitsänderung für hohe Qualität
- Berücksichtigung der Kontrastsensitivität in Abhängigkeit der Adaption

Die gegebenen Ziele sind konträr zueinander, daher wird für die Filterung der Helligkeit ein mehrstufiger Entscheidungsprozess verwendet.

In der ersten Stufe wird die benötigte Displayhelligkeit $L'_w(L_e)$ zeitlich gefiltert. Als Basis dazu dient die zeitliche Kontrastsensitivität (tCSF [1]) [35]). Ähnlich wie bei einem Sonnenauf- bzw. Untergang soll die Helligkeitsänderung nicht wahrnehmbar sein. Um dies zu erreichen, muss die Helligkeitsänderung über die Zeit unterhalb der Wahrnehmungsgrenze liegen. Für sehr langsame Änderungen darf die relative Helligkeit innerhalb von $1s$ nicht mehr als 5% variieren, d.h. die Änderungsrate m_f der Displayleuchtdichte darf nicht größer als $m_f \leq 0.05 \cdot s^{-1}$ sein:

$$m_f \leq \frac{|L_w(t + \Delta t) - L_w(t)|}{L_w(t) \cdot \Delta t} \tag{4.2}$$

$$L_w(t + \Delta t) = \begin{cases} L_w(t) + m_f \cdot \Delta t \cdot L_w(t), & L'_w(L_e) > L_w(t) \\ L_w(t) - m_f \cdot \Delta t \cdot L_w(t), & L'_w(L_e) < L_w(t) \end{cases} \tag{4.3}$$

mit $L_w(t)$ der aktuell eingestellten Displayhelligkeit, $L_w(t + \Delta t)$ der nächsten Einstellung für die Displayhelligkeit und Δt der Samplingrate für die Berechnung von $L'_w(L_e)$, mit $\Delta t \leq 1s/25$.

Ändert sich die Umgebungshelligkeit in großem Umfang, z.B. bei Tunnelein- und Ausfahrten, Brücken, Parkhäuser, etc. ist eine schnelle Anpassung der Displayhelligkeit notwendig. Über einen Schwellenwert C_S kann eine derartige Änderung erkannt und die Displayhelligkeit schnell nachgeführt werden:

$$L_w(t) = L'_w(L_e), \ wenn \ \frac{|C_{r,c} - C_r(L_e)|}{C_r(L_e)} \geq C_S \tag{4.4}$$

---

[1] temporal Contrast Sensitivity Function

Bei dunklen Adaptionsleuchtdichten $L_a < 30cd/m^2$ ist die relative Unterschiedsschwelle $\Delta L/L$ nicht mehr konstant. Gerade in der Nacht ($0.02 \leq L_A \leq 2cd/m^2$, Vgl. Kapitel 3.2) liegt die Unterschiedsschwelle um bis zu 10-mal höher. Um für den Betrachter den Kontrast konstant zu halten, muss ein höherer Zielkontrast entsprechend der Kontrastsensitivität aus Röhler et al. [36] für die Formel 4.1 verwendet werden. Die einfachste Lösung ist die Festlegung einer konstanten Helligkeit des Displays bei Nacht, Mantiuk et al. empfiehlt einen Wert von $L_w = 40cd/m^2$ für optimale Ablesbarkeit und Komfort.

4.2. EVALUIERUNG IM FAHRZEUG

Zur Evaluierung des Dimmkonzepts wurden, Sensoren für die Blendleuchtdichte L_g und Beleuchtungsstärke E_i im Fahrzeug angebracht und Testfahrten an mehreren Tagen, mit verschiedenen Umgebungslichtsituationen, durchgeführt. Beispielhaft sind Messwerte für die Umgebungslichtsituationen Nacht, Dämmerung, Tag und Tiefgarage im Anhang A.1 aufgeführt.

Die Auswertung der Messdaten hat gezeigt, dass die Schleierleuchtdichte L_v bei Tag durchschnittlich um den Faktor 3.8 höher liegt als die reflektierte Leuchtdichte L_r. Dabei sind die Messwerte für die Schleierleuchtdichte und reflektierte Leuchtdichte mit den automotiven Lichtbedingungen (Tabelle 3.1) vergleichbar.

Als kritisch für die Regelung der Displayhelligkeit haben sich inhomogene Blendlichtsituationen herausgestellt. Der Messwert des Blendlichtsensors für L_g (Vgl. Abbildung 4.2) kann in solchen Situationen relativ stark variieren, obwohl sich die Blendlichtsituation für den Fahrer nur relativ wenig ändert. Dies ist auf den relativ geringen Öffnungswinkel des Blendlichtsensors zurückzuführen. Für die Weiterentwicklung des Sensorkonzeptes, muss daher der Erfassungsbereich des Blendlichtsensors besser an den für die Blendlichtsituation relevanten Raumwinkel angepasst werden.

4.3. GRENZEN DER REGELUNG DER DISPLAYHELLIGKEIT

Papier ist von dunklen Lichtbedingungen mit einer Beleuchtungsstärke von $E = 100lx$ bis hin zu Sonnenlicht mit $E = 100klx$ nahezu gleich gut ablesbar. Dies kann auf die Reflexivität von Papier und der Schrift zurückgeführt werden. Bei einer Änderung der Beleuchtungsstärke wird die reflektierte Leuchtdichte von Schrift und Papier in gleichem Maße geändert, wodurch der Kontrast von Papier über die Beleuchtungsstärke konstant bleibt. Je nach Papier und Farbsorte liegt der Kontrast bei $C_r \approx 10$.
Bei Displays wird die Leuchtdichte von Schwarz durch das Umgebungslicht prozentual mehr angehoben als Weiß, wie in Gleichung 3.12 dargestellt. Um bei Umgebungslicht eine gute Ablesbarkeit gut zu erreichen, muss die Displayhelligkeit nachgeregelt werden. Bei *kontrastreichen* Darstellungen kann mit einer Displayhelligkeit von $L_w \approx 400cd/m^2$ noch eine Ablesbarkeit bis zu einem Umgebungslicht von $L_e \approx 200cd/m^2$ mit einem maximalen wahrnehmbaren Kontrast von 3:1 erreicht werden.

$$L_e = \frac{L_w - L_B \cdot C_r}{C_r - 1} = \frac{400cd/m^2 - 1cd/m^2 \cdot 3}{3 - 1} = 198.5cd/m^2 \qquad (4.5)$$

Kontrastarme Darstellungen, wie zum Beispiel dunkle Filmszenen, sind bei solchen Umgebungslichteinflüssen nicht mehr erkennbar. Durch den geringeren Ausgangskontrast ist die Wahrnehmung der Inhalte deutlich stärker beeinflusst. Ist der Ausgangskontrast bei der kontrastarmen Darstellung z.B. um den Faktor 10 geringer, ist eine Displayhelligkeit von $L_w \geq 4000cd/m^2$ notwendig um die Ablesbarkeit zu ermöglichen. Diese Leuchtdichten sind derzeit technologisch unter den Randbedingungen im Fahrzeug nicht machbar. Daher sind, um die Ablesbarkeit dunklen Displayinhalten bei Sonnenlicht zu erreichen, weitere Maßnahmen wie zum Beispiel die Bearbeitung des darzustellenden Inhalts notwendig.

KAPITEL 5

DYNAMISCHE OPTIMIERUNG VON DISPLAYINHALTEN

5.1. MOTIVATION

Heutzutage werden viele LC-Fernseher mit Bildverbesserungsalgorithmen ausgestattet. Diese reichen von statischen Einstellungen für Helligkeit, Kontrast und Farbe über komplexe dynamische Algorithmen zur Optimierung der Wahrnehmung von Farbe, Schärfe, Details und Kontrast, z.B. Sony Bravia Engine [37], bis hin zu Algorithmen zum Ausgleich technologischer Schwächen, wie beispielsweise der Schaltzeit eines LCDs. Ziel all dieser Methoden ist ein verbesserter Bildeindruck für den Kunden, wodurch die wahrgenommene Qualität des Gerätes gesteigert werden soll.

Im Fahrzeug werden heute neben den statischen Einstellungen für Helligkeit, Kontrast und Farbe wenige dynamischen Methoden zur Bildverbesserung eingesetzt. Menüdarstellungen, zur Bedienung der Infotainment-, Telematik- und Assistenzsysteme, werden für die Nutzung im Fahrzeug (Tag-/Nacht-Design) aber auch für den Verkaufsraum kreiert. Dabei optimiert der Designer die Inhalte für eine bestmögliche Darstellung und Ablesbarkeit am angedachten Einsatzort. Durch den Einfluss des Umgebungslichts wird die Wahrnehmung dieser Darstellung verändert und entspricht nicht mehr dem angedachten Bildeindruck (Vergleich Abbildung 3.10). Durch die Optimierung hinsichtlich des Fahrzeugseinsatzes werden kontrastreiche Darstellungen verwendet, wodurch eine Ablesbarkeit der Informationen auch bei den meisten Umgebungslichtsituationen z.B. Sonnenlicht gewährleistet ist.

In Filmen wird der Dynamikbereich bewusst nicht vollständig genutzt. Dadurch reduziert sich, bei dunklen Szenen, im Kino die mittlere Leuchtdichte

der Leinwand und das Auge adaptiert auf die vorherrschende Umgebungslichtsituation. Details des dargestellten Bildes können optimal wahrgenommen
werden und der Zuschauer fühlt sich in die Szene hineinversetzt. Im Fahrzeug
ist die Situation eine andere, hier wird die Adaption vor allem durch das Licht
der Umgebung und nicht durch den Inhalt auf dem relativ kleinen Display
beeinflusst. Dadurch wird es notwendig, den dargestellten Inhalt in Abhängigkeit des Umgebungslichteinflusses für die Wahrnehmung anzupassen.

Bei Videodarstellugnen kann das Potential, aus dem vom Regisseur bewusst
ungenutzten globalen oder lokalen Dynamikbereich, zur Verbesserung der
Wahrnehmung des Bildes verwendet werden. Dafür wird das Bild analysiert
und dynamisch in Abhängigkeit des ungenutzten Dynamikbereichs durch
lineare und nichtlineare Graustufenoperationen aufgehellt.

Die Optimierung des Videomaterials hinsichtlich der Nutzung des Dynamikbereichs führt, nicht nur bei Umgebungslicht, zu einem höherem Qualitätseindruck des Displays. Beispielsweise kann es bei der SplitView[38] Technologie
bei wenigen Betrachtungswinkeln vorkommen, dass der Beifahrer ein Übersprechen von den Inhalten des Fahrers sieht. Wird die Helligkeit des Inhalts
(beispielsweise eine dunkle Filmszene) der Beifahrerseite erhöht, sinkt die
Wahrnehmbarkeit dieser Störungen.

Ein weiteres Einsatzgebiet von Bildverbesserungsmethoden im Fahrzeug ist
die Verbesserung der Wahrnehmung von Menü-Darstellungen bei Umgebungslicht. Im Gegensatz zu Videodarstellungen nutzen Menüdarstellungen
durch die Kontrastreichen Darstellungen den Dynamikbereich global bereits
vollständig. Potentiale zur Verbesserung der Wahrnehmbarkeit bei extremen
Lichtbedingungen können beispielsweise mit Hilfe von lokalen Anpassungen
im Kontrast, der Schärfe und der Sättigung erreicht werden.

5.2. QUALITÄTSSTEIGERUNG VON VIDEOINHALTEN

5.2.1. ZIELFUNKTION FÜR VIDEOINHALTE

Um den Einfluss durch Umgebungslicht auf die Wahrnehmung von Videoinhalten (Vgl. Kapitel 3.3 und ff.) auszugleichen, soll durch dynamische Anpassung des Inhalt die Wahrnehmung verbessert werden.

Das Ziel dabei ist die Optimierung der *wahrgenommenen Qualität* des Displays. Dafür wird das Bild hinsichtlich der Umgebungslichtsituation durch globale lineare und nichtlineare Graustufenoperationen so geändert, dass eine verbesserte Wahrnehmung des Inhalts entsteht. Wichtigstes Kriterium bei der Anpassung ist, dass keine *unnatürlichen* Artefakte wie

- Rauschen
- Verlust von wichtigen Bilddetails
- erhöhte Schwarzwerte
- globale oder lokale Inhomogenität
- unechter, künstlicher Bildeindruck
- Schwankungen in der Bildhelligkeit

durch die Bearbeitung auftreten. Für die Anpassung der Inhalte wird angenommen, dass das Videomaterial bereits für dunkle Umgebungslichtbedingungen, wie im Kino, optimiert ist. Daher wird Videoenhancement nicht im klassischen Sinn - für die Optimierung des Inhalts - angewandt, sondern zum Ausgleich der Umgebungslichteinflüsse. Der Vergleich mit den Einflüssen auf die Wahrnehmung der Inhalte in Kapitel 3 zeigt, dass bei Umgebungslicht die Wahrnehmung der Inhalte durch:

- gesteigerte Bildhelligkeit
- Anpassung der Graustufendarstellung

verbessert werden können. Die Betrachtung von Videomaterial soll im Automobil bei verschiedenen Umgebungslichtbedingungen, von Nacht bis hellem Tageslicht möglich sein (Vgl. 3.1). Während bei Nacht die Qualität noch stärker in den Vordergrund rückt, ergeben sich bei Tag höhere Anforderungen an die Verbesserung der Ablesbarkeit. Für den Einsatz im Automobil muss der

Algorithmus daher noch die Möglichkeit einer Einstellung über der Umgebungshelligkeit L_e bieten. Die steigende Anzahl von verschiedenen elektronischen Komponenten im Automobil, die Nutzungsdauer und der Einsatz unter verschiedensten Nutzungsszenarien erfordern robuste und stabile Komponenten. Der Algorithmus muss daher Fehlertolerant und zuverlässig ausgelegt werden.

5.2.2. ABLESBARKEITSVERBESSERUNG VON VIDEOINHALTEN

Der einfachste Ansatz zur Korrektur des Umgebungslichteinflusses ist, dass Umgebungslicht L_e von der Leuchtdichte L_D der Pixel abzuziehen [14]. Dafür muss um die ursprüngliche Leuchtdichte L_D zu erhalten, die Displayleuchtdichte L_D durch L_D' ersetzt werden, mit der Beziehung:

$$L_D' = L_D - L_e \tag{5.1}$$

Dadurch werden jedoch bei $L_e > L_B$ negative Leuchtdichten erforderlich, wodurch der Kontrastverlust durch das Umgebungslicht in diesem Fall nicht mehr ausgeglichen werden kann. Eine weitere Methode ist es, den Kontrast durch einen Histogrammausgleich bzw. Histogrammegalisierung zu verbessern. Dabei ist das Ziel die Häufigkeit von Graustufen so auszugleichen, dass alle Graustufen gleich oft im Bild vorkommen, was zur Folge hat, dass Bereiche mit im Histogramm oft vorkommenden Graustufen im Kontrast verbessert werden, jedoch Bereiche mit selten vorkommenden Graustufen im Kontrast verlieren (Bild 5.1, Nummer 2). Zusätzlich wird der Schwarzwert je nach Bildhelligkeit beeinflusst, was bei Videoinhalten zu sichtbarem Flackern führt.Im Ansatz von Ware [39] wird versucht die Umgebungslichteinflüsse durch eine statische Reduktion des Gamma Korrektionsfaktors (Vergleich [26]) auf $\Gamma = 2.2 \rightarrow 1.5$ zu verbessern. Dabei wird die Wahrnehmung von dunklen Graustufen verbessert, es kann jedoch zu sichtbarem Rauschen kommen (Abbildung 5.1, Nummer 3).Der Vorschlag von Al-amri [40] ist, den Kontrast durch eine Streckung der Graustufen über den Dynamikbereich zu verbessern. Dabei wird ein prozentualer Anteil des Bildes zur maximalen Graustufe verschoben, um den Effekt der Streckung zu erhöhen, was zu

Abbildung 5.1.: Vergleich von Methoden zur Verbesserung der Ablesbarkeit durch Umgebungslicht, **1**: Originalbild, **2**: Histogrammegalisierung, **3**: Gamma Remapping nach Ware [39], **4**: Percentage Linear Contrast Stretch nach [40] prozentualer Anteil 5%, **5**: Kontrasterhaltung nach Lebdev [16], **6**: Methode nach Devlin [14], pedestal Greyscale=0.2, Bildquelle: [41]

sichtbaren Clipping Effekten führt (Bild 5.1, Nummer 4).Durch eine vollständigen Wiederherstellung der lokalen Kontraste, versucht Lebedev [16] die Wahrnehmung der Inhalte bei Umgebungslicht zu verbessern. Während die Wahrnehmung der Inhalte deutlich gesteigert wird, tritt ein Kristallisierungseffekt auf (Abbildung 5.1, Nummer 5).Der Ansatz von Devlin et al. [14] ist es, die Effekte durch Umgebungslicht für eine definierte „pedestal" Graustufe vollständig auszugleichen. Während für die eine Graustufe die ursprüngliche Wahrnehmung erzielt wird, haben andere Graustufen nur eine eingeschränkte

Wahrnehmbarkeit. (Abbildung 5.1, Nummer 6).Der Ansatz von Mantiuk et al. [17] ist es, den Einfluss durch Umgebungslicht in einem Modell nachzubilden und dynamisch durch angepasstes Graustufenremapping so weit möglich für verschiedene Displaytypen auszugleichen.Die diskutierten Algorithmen steigern die Ablesbarkeit von Displayinhalten bei Umgebungslicht. Negativ, hinsichtlich der Zielfunktion 5.2.1, wirken sich unnatürliche Artefakte, geringe Verbesserung der Ablesbarkeit oder für den automotiven Einsatz ungeeignete Algorithmen aus. Wie in Kapitel 3.3.1 diskutiert, werden durch Umgebungslicht maßgeblich der wahrgenommenen Kontrast und die Wahrnehmung von Graustufenunterschieden beeinflusst. Zur Minimierung dieser Effekte durch Umgebungslicht, wird in dieser Arbeit ein zweistufiger Algorithmus vorgestellt. In der ersten Stufe wird die Bildhelligkeit durch adaptive Streckung des Bilds auf Basis der Methode von Al-amri [40] gesteigert. In der zweiten Stufe wird, in Abhängigkeit des Umgebungslichts, die Darstellung von dunklen Graustufen verbessert. Beide Möglichkeiten wurden bereits für automotive Anwendungen in [42] untersucht, zeigen aber in teilweise noch Artefakte, wie Clipping Effekte oder Bildflackern.

5.2.3. ADAPTIVE BILDAUFHELLUNG

Mit der Methode von Al-amri [40], welche für automotive Anwendungen in [42] untersucht wurde, kann der Einfluss von Umgebungslicht auf den wahrnehmbaren Kontrast, insbesondere bei dunklen Bildinhalten, ausgeglichen werden. Die Methode basiert auf der Analyse des kumulativen Histogramms C. Im kumulativen Histogramm C werden nicht relevante Bildinhalte über einen prozentualen Anteil c_L identifiziert und eine Grenzgraustufe g_s ermittelt (Abbildung fig:Streckung). Die Grenzgraustufe g_s ergibt sich dabei nach folgendem Zusammenhang:

$$g_s \to C(g_s) = C_{max} \cdot (1 - c_L) \tag{5.2}$$

Mit der Grenzgraustufe g_s kann der korrespondierende Streckungsfaktor S für die Graustufenauflösung W mit folgender Beziehung berechnet werden:

$$S = \frac{2^W - 1}{g_s} \tag{5.3}$$

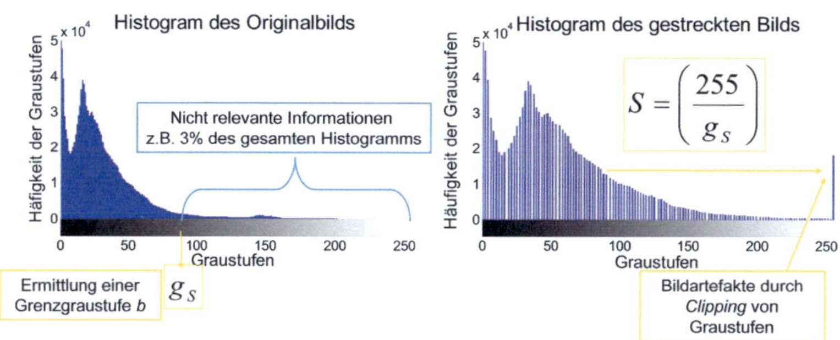

$$S = \left(\frac{255}{g_S} \right)$$

Abbildung 5.2.: Darstellung der Methode von Al-amri [40], irrelevante Informationen werden durch einen prozentualen Anteil identifiziert und eine Grenzgraustufe g_s ermittelt, auf Basis von g_s der Streckungsfaktor S berechnet und das Bild mittels des Streckungsfaktor S aufgehellt.

Bei der Methode kann je nach prozentualem Verlust eine unterschiedliche Performance erzielt werden. Ein niedriger Wert für c_L führt zu einem geringeren Helligkeitsgewinn, bei einem hohen Wert für c_L steigt die Wahrscheinlichkeit, dass Artefakte sichtbar werden (Bild 5.3). Werden bei dieser Methode die

Abbildung 5.3.: Vergleich des Einflusses von c_L, 1: Originalbild, 2: $c_L =5\%$, 3: $c_L =2.5\%$, 4: $c_L =1\%$, Bildquelle: [3]

Clipping Effekte minimiert, so kann eine *natürliche* Bildaufhellung erreicht werden. Über eine Analyse der Artefakte soll eine Möglichkeit entwickelt werden, mit der eine hohe Bildqualität in Verbindung mit einer optimalen Bildaufhellung erreicht wird.

5.2.4. OBJEKTIVE BEWERTUNG VON ARTEFAKTEN

Die sichtbaren Artefakte, durch eine zu große Streckung, können in folgende Kategorien eingeteilt werden:

- weiße Flächen im Bild (Überbelichtung)
- Farb- und Sättigungsänderungen vor allem in Hauttönen
- Verstärkung von Rauschen, JPEG-Artefakten

Zur Minimierung der Artefakte werden Methoden zur objektiven Bildbewertung diskutiert. Kang et al. [43] nutzt zur Bewertung der Artefakte die PSNR[1]-Methode. Dabei wird die Streckung so lange erhöht, bis ein Grenzwert für die PSNR Bewertung erreicht wird. Wie Wang et al. zeigt [44] kann eine subjektiv unterschiedliche Bildqualität zum gleichen PSNR-Wert führen, weshalb die Bewertung per PSNR-Methode nicht für eine konstante Bildqualität verwendet werden kann.

Die SSIM[2]-Metrik von Kang et al. [45] verbessert den Zusammenhang von subjektiver Bildqualität zur Metrik, hat aber ebenfalls Schwächen [44], weshalb Wang et al. [46] ähnlich wie Daly [47] an einer möglichst kompletten Nachbildung der visuellen Wahrnehmung arbeitet. Für die Echtzeitverarbeitung sind diese Methoden jedoch zu komplex und die für den automotiven Einsatz benötigte Robustheit ist bei solchen vielschichtigen Algorithmen nicht gegeben.

Als Metriken werden in dieser Arbeit daher Methoden untersucht, welche sensitiv auf die Artefakte wirken. In der Anwendung hat sich gezeigt, dass diese Methoden ebenfalls mit einem hohen Berechnungsaufwand verbunden sind. Weiter ergeben sich auch hier hohe Fehlerraten, d.h. die subjektive Bildqualität korreliert nicht mit der angewandten Metrik. Beispielhaft für die

---

[1] Peak Signal-to-Noise Ratio
[2] Structural similarity

Untersuchungen wird eine Metrik zur Bewertung der Pixel in weißen Flächen vorgestellt und die Vor- und Nachteile diskutiert.

In der Metrik werden die weißen Pixel isoliert und gezählt. Dazu wird von Bild

Abbildung 5.4.: Darstellung der unterschiedlichen Entwicklung von weißen Flächen (Beispielhafte Metrik zur Bewertung des visuellen Einfluss) in Abhängigkeit des Streckungsfaktors, S=[1.02; 1.275; 1.7], Bildquelle: [3] & [48]

I das Maximum jedes Subpixels (R,G,B) in $I_{max} = max(R, G, B)$ übernommen und I_{max} über den Schwellwert g_w binarisiert.

$$I_{x,y}^{B} = \begin{cases} 1, & I_{max} > g_w \\ 0, & I_{max} \leq g_w \end{cases} \tag{5.4}$$

Nach der Binarisierung werden in den weißen Flächen zusammenhängende Pixel gesucht. In Bild 5.4 ist die Entwicklung der weißen Flächen in Abhängigkeit steigender Streckungsfaktoren dargestellt. Wie in Bild 5.4 qualitativ zu sehen, ist die Entwicklung der weißen Fläche für die beiden Bilder unterschiedlich. Es stellt sich also die Frage wie das Abbruchkriterium für die Streckung mit dieser Metrik definiert werden kann? Die Antwort kann durch eine Befragung, bzw. subjektive Bewertung der Bildstreckung gefunden werden. Dabei wird die Bildstreckung so lange erhöht, bis die Artefakte durch die Streckung sichtbar werden. Aus der subjektiv optimalen Streckung wird der entsprechende Wert der weißen Pixel Metrik berechnet. Die quantitative Analyse der Pixel in weißen Flächen sowie der Vergleich mit der subjektiv optimalen Streckung ist in Abb. 5.6 dargestellt. Wie zu sehen, ergibt sich schon für zwei Bilder eine großer Unterschied, wodurch es schwierig wird einen optimalen Schwellenwert für die Metrik festzulegen. Wie für die Metrik der

Abbildung 5.5.: Vergleich der subjektiven Bewertung, oben: Original Bild 1 (links), Bild2 (rechts), unten: korrespondierende Bilder mit subjektiv optimaler Streckung, Bildquelle: [3] & [48]

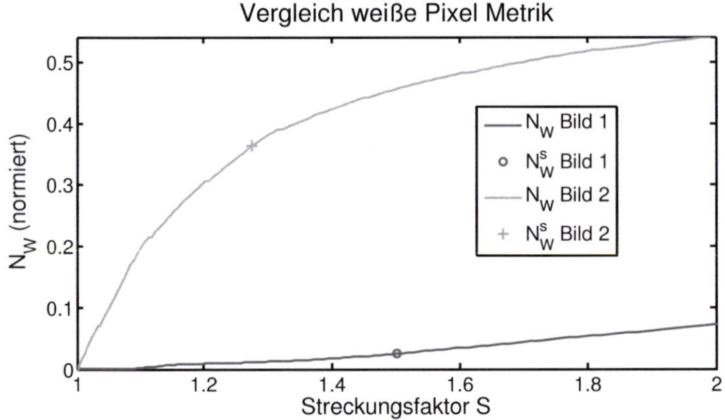

Abbildung 5.6.: Darstellung der Summe der Pixel in weißen Flächen N_W über dem Streckungsfaktor S

Pixel in weißen Flächen gezeigt, ergibt sich für weitere objektive Bewertungsmethoden die gleiche Problematik, oder der Rechenaufwand steigt und die Robustheit der Bewertungsmethode ist nicht mehr ausreichend gegeben.

5.2.5. SUBJEKTIVE BEWERTUNG VON ARTEFAKTEN

Wie die Betrachtung der objektiven Bildbewertung gezeigt hat, ist es schwierig eine objektive Bewertung der subjektiven Bildqualität durchzuführen und damit für beliebige Bilder den optimalen prozentualen Wert c_L hinsichtlich Bildqualität und Bildaufhellung automatisiert festzulegen.

Gegenüber der objektiven Bewertung ist es subjektiv relativ leicht die optimale Streckung einzustellen. Mit Hilfe einer subjektiven Bewertung soll in dieser Arbeit, der optimale Schwellwert für c_L gefunden werden. Dazu werden Bilder durch Probanden so gestreckt, dass der maximale Effekt durch die Streckung erreicht wird - aber die Artefakte subjektiv noch so gering sind, dass eine hohe Bildqualität erreicht wird. Durch die Streckung werden Bildanteile mit hellen

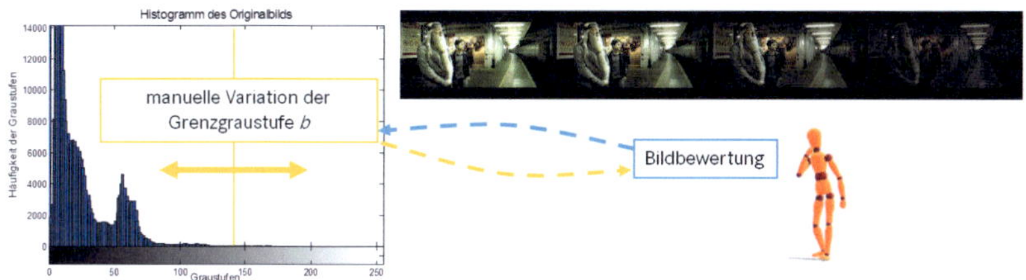

Abbildung 5.7.: Subjektive Festlegung der optimalen Streckung. Der Proband stellt die Streckung manuell so ein das ein maximaler Streckungseffekt erreicht aber mit subjektiv minimalen Artefakten und hoher Bildqualität, Bildquelle: [3]

Graustufen in die Sättigung verschoben und sind nicht mehr unterscheidbar. In dunklen Bildern ist die Anzahl der hellen Pixel gering, wodurch ein Verlust der Pixel im Vergleich zu hellen Bildern schneller sichtbar wird. Daraus lassen sich zwei Hypothesen ableiten:

- **H1**: In dunklen Bildern sind wenige helle Pixel vorhanden, der prozentuale Wert muss kleiner sein
- **H2**: In hellen Bildern sind viele helle Pixel vorhanden, der prozentuale Wert kann hoch sein

Zur Bewertung der optimalen subjektiven Streckung werden als Material 100 automatisch, aus Filmmaterial, ausgewählte Bilder verwendet. Bei der Auswahl wurden die Bilder so ausgewählt, dass sich eine Gleichverteilung in der mittleren Graustufe $\bar{g} = mean(g)$ der Bilder ergibt. Die Bilder sind im Anhang A.2 zu finden. Der Test wurde mit insgesamt 5 Probanden durchgeführt. Als

Abbildung 5.8.: Verwendete Lichtsituationen für die subjektive Bewertung

	L_g	L_r
Nacht	0	0
Tag	3000	30
Sonne	5000	50

Testdisplay wurde ein 6 Bit, 8" Farbdisplay mit einer Auflösung von 800x480 Pixeln im Abstand von $D = 1m$ unter einem Winkel von $A_V = 30^o$ verwendet. Als Lichtsituationen wurden die drei Lichtbedingungen Nacht, Tag und Sonne nachgestellt. Dabei wurden die verwendeten Lichtbedingungen (Tabelle 5.8) in Anlehnung an die in Kapitel 3 beschriebenen automotiven Lichtbedingungen gewählt.

Die Probanden sind aufgefordert, für jedes Bild P die Streckung optimal hinsichtlich der subjektiven Qualität und der höchstmöglichen Helligkeitssteigerung einzustellen. Dafür werden die Testbilder P in zufälliger Reihenfolge auf dem Display dargestellt. Die Probanden erhöhen die Streckung S, bis die optimale Bildaufhellung erreicht ist. Als Startwert wird jeweils das Originalbild verwendet. Mit den Originalbildern P, der horizontalen X und vertikalen Bildauflösung Y kann mit der folgenden Beziehung der subjektiv optimale prozentuale Wert $c_L(P, g_s)$ mit $g_s = \frac{S}{2^W - 1}$ berechnet werden:

$$c_L(P, g_s) = \frac{\sum_{m=1}^{X} \sum_{n=1}^{Y} p_{m,n}}{X \cdot Y} \; mit \; \begin{cases} p_{m,n} = 1, & P_{m,n} \leq g_s \\ p_{m,n} = 0, & P_{m,n} > g_s \end{cases} \tag{5.5}$$

Die mittlere Bewertung der Probanden für die Nachtsituation ist in der Abbildung 5.9 dargestellt, die Bewertungen sind in Abhängigkeit der mittleren Graustufe der Testbilder sortiert. Die nach den Lichtsituationen und Probanden aufgeschlüsselten Bewertungen, sind im Anhang A.4 zu finden. Die Sortierung über die mittlere Graustufe $\bar{g}$ bestätigt die Hypothesen **H1** und **H2**. Bei dunklen Bildern ist das subjektiv gewählte Histogrammlimit c_L relativ gering $c_L(\overline{g} = 0) < 0.1\%$ und bei hellen Bildern kann das Histogrammlimit sehr hohe Werte erreichen $c_L(\overline{g} = 255) > 90\%$. Teilweise ist eine großer Unterschied zwischen minimalem und maximalen prozentualen Verlust c_L zwischen den Probanden in Bild 5.9 zu sehen. Dies kann vorkommen, wenn das Bild eine hohe Anzahl von Graustufen in der nähe der Grenzgraustufe g_s enthält. Wird das Bild von einem Probanden minimal stärker oder schwächer subjektiv gestreckt, kann sich c_L deutlich unterscheiden.

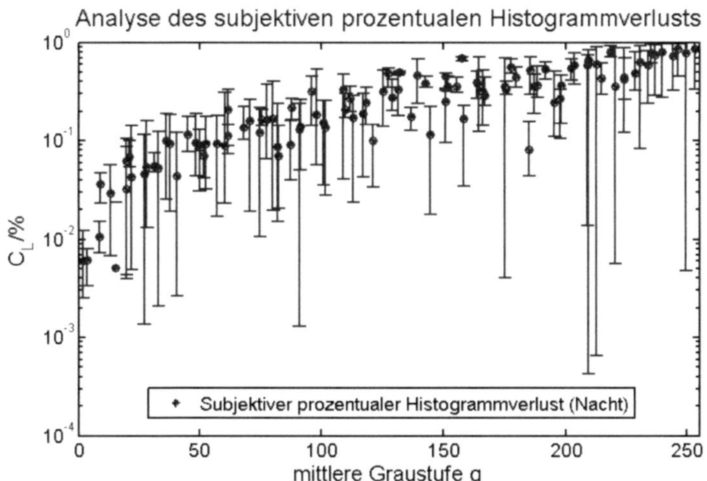

Abbildung 5.9.: Ergebnis der Untersuchung des subjektiven Histogrammlimits sortiert nach der mittleren Helligkeit, mit Angabe des jeweiligen minimalen, maximalen und mittleren prozentualen Verlusts von c_L über alle Probanden

5.2.6. DYNAMISCHES KONTRASTENHANCEMENT

Zur algorithmischen Umsetzung der diskutierten adaptiven, dynamischen Kontraststeigerung (Dynamic Image Enhancement [**DIE**]) werden Kurven an die subjektiven Bewertungen der Probanden mit folgender Formel angepasst:

$$c_L(\overline{g}) = \frac{c_{L,max} - c_{L,min}}{(2^W - 1)^B} \cdot (\overline{g})^B + c_{L,min} \tag{5.6}$$

mit

- $c_{L,min} = c_L(\overline{g} = 0)$: Gewünschter c_L Wert bei der kleinsten Graustufe
- $c_{L,max} = c_L(\overline{g} = 2^W - 1)$: Gewünschter c_L Wert bei der maximalen Graustufe
- Exponent B zur Beeinflussung der Kurvenform

Insgesamt wurden 32 Kurven gewählt, um den Wertebereich der subjektiven Bewertung über die Lichtsituationen abzudecken, (Bild 5.10 und Tabelle A.4). Die Kurven wurden dabei so gewählt, dass möglichst alle Ergebnisse aus den Probandentests mit den Kurven erreicht werden können. Im nächsten Schritt, wird die automatisierte Bearbeitung durch den DIE Algorithmus auf Video erweitert. Der komplette Algorithmus wird in einem Probandenversuch 6 untersucht. Dabei werden aus den 32 gewählten Stufen für unterschiedliche Lichtsituationen die optimalen Kurvenparameter gewählt. Für die quantitative Betrachtung wird ein Benchmarkfaktor 5.2.10 vorgestellt.

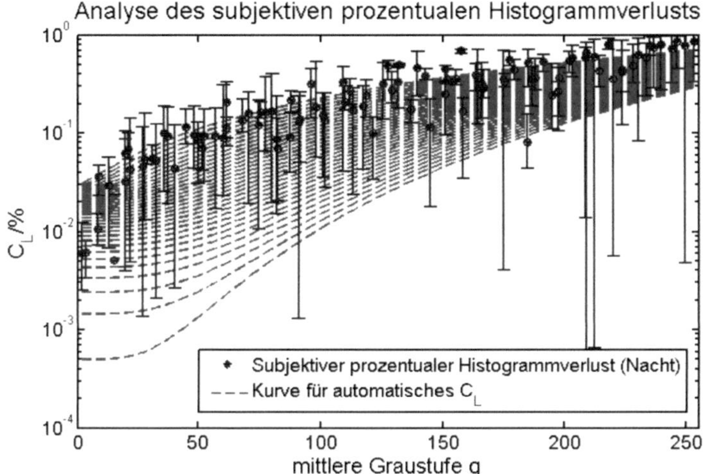

Abbildung 5.10.: Kurven für automatisches Histogrammlimit c_L im Vergleich zu den Bewertungen für die Nachtsituation

5.2.7. FILTERUNG UND SZENENWECHSELERKENNUNG

Wird die Bearbeitung von Video mit der DIE Methode 5.2.6 durchgeführt kann Bildflackern auftreten. Dies geschieht, wenn in einer Szene eine Änderung stattfindet, die für den Betrachter nicht als Veränderung im Bild wahrgenommen wird. Der DIE Algorithmus arbeitet, wie in Kapitel 5.2.6 gezeigt, auf Basis des Histogramms. Tritt wie in Bild 5.11 der Fall auf, dass die für den Betrachter wenig sichtbare Änderung zu einer signifikanten Änderung der Histogrammcharakteristik führt, so wird durch den DIE-Algorithmus das Bild kurzzeitig stärker gestreckt, was der Betrachter dann als Bildflackern wahrnimmt.

Der Mensch ist in der Lage Helligkeitsänderungen ab und bis zu einer maximalen Änderung wahrzunehmen. Beispielsweise wird die Helligkeitsänderung während des Sonnenaufgangs nicht direkt wahrgenommen, da die Änderung unterhalb der Wahrnehmungsschwelle liegt. DeLange [50] beschreibt diesen

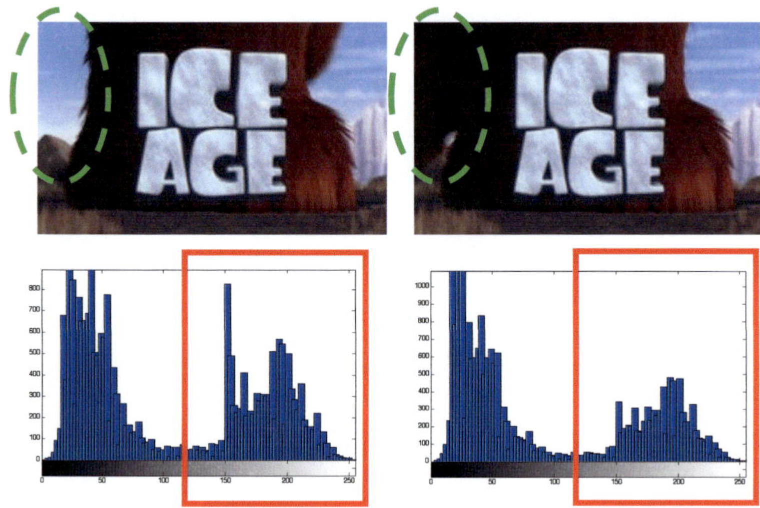

Abbildung 5.11.: Kritische Bildsituation für Bildflackern. Die wenig sichtbare Bildänderung (grün-gestrichelt) führt zu einer deutlichen Änderung des Histograms (rot). Bildquelle: [49]

Zusammenhang in der tCSF[3], Abbildung 5.12. Wird die maximal erlaubte Änderung durch den DIE Algorithmus begrenzt, ist es möglich das Bildflackern zu vermeiden. Mantiuk et al. [17] nutzt für seine Methode einen gleitenden Mittelwert mit einer Filterlänge von 2 Sekunden, d.h. je nach Bildwiederholfrequenz muss der Filter entsprechend angepasst werden. In dieser Arbeit wird der Streckungsfaktor entsprechend gefiltert.

Mit der Filterung wird das unerwünschte Bildflackern vermieden, doch auch erwünschte Bildänderungen wie Szenenwechsel werden gefiltert. Bei Szenenübergängen ergibt sich durch Filter ein Nachziehen der Helligkeitsänderung. Daraus folgt, dass zusätzlich zur Filterung eine Szenenwechselerkennung erfolgen muss.

Algorithmisch ist es keine leichte Aufgabe jeden Szenenwechsel sicher zu detektieren. Beispielsweise werden in der Forschung Methoden zur Szenenwechselerkennung durch Objekt Verfolgung [52], dynamischer Schwellwert

---

[3]Temporal Contrast Sensitivity Function

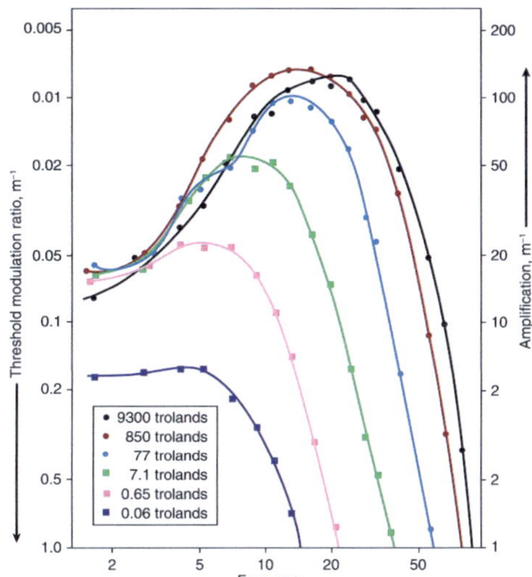

Abbildung 5.12:
Darstellung der temporal
Contrast Sensitivity
Function (tCSF)
entnommen aus [51],
Original in [35]

hinsichtlich der Helligkeitsänderung im Bildmaterial [53], Kantendetektion [54] oder Nutzung der Informationen aus dem Aufbau der MPEG Struktur [55] untersucht. Weiter ist eine Übersicht zur Szenenwechselerkennung ist in der Arbeit von Korpi-Anttila [56] zu finden. Neben dem hohen Rechenaufwand, haben die meisten Algorithmen zur Szenenwechselerkennung das Problem, dass sie eine hohe Fehlerkennungsrate aufweisen. Dabei werden als Fehlerkennung zwei Fälle bezeichnet:

1. Erkennung von Szenenwechseln, ohne dass ein Szenenwechsel im Bild vorliegt
2. Nichterkennung von Szenenwechseln

Die „Correlated Histogram Difference" Methode wurde von Idris et al. [57] und Kerofsky et al. [58] vorgestellt. Dabei wird das Histogramm des Bildes mit sich selbst korreliert. Im Vergleich zu anderen Algorithmen zur Szenenwechselerkennung ergibt sich dadurch ein relativ großer Kontrast zwischen einer durchgehenden Szene und einem Szenenwechsel. Ein Szenenwechsel kann dann durch die Überschreitung eines festgelegten Schwellwerts erkannt werden.

Aus bei dieser Methode können Fehlerkennungen auftreten, falls sich die neue Szene hinsichtlich des Histogramms nicht signifikant unterscheidet. Für den DIE Algorithmus ist diese Art der Szenenwechselerkennung optimal. Ein nicht erkannter Szenenwechsel hat durch den geringen Unterschied im Histogramm kaum Auswirkung auf den Streckungsfaktor. Darüber hinaus wird der sichtbare Effekt in dieser Arbeit durch die gewählte Filterlänge von 0.5 Sekunden weiter verringert.

5.2.8. UMGEBUNGSLICHTABHÄNGIGE OPTIMIERUNG DER GRAUSTUFENWAHRNEHMUNG

Durch den Einfluss von Umgebungslicht L_e werden vor allem dunkle Graustufen schlechter wahrnehmbar, wie in Abbildungen 3.8 und 3.10 dargestellt. Ziel des Algorithmus zur umgebungslichtabhängigen Graustufenoptimierung (Daylight Optimized Perception [**DOP**]) ist, wie bei wie Ware [39], den Einfluss durch Umgebungslicht L_e auf die Wahrnehmung von Graustufen auszugleichen. Um sichtbares Rauschen zu verhindern, ist der Ansatz so gewählt, dass exakt der Umgebungslichteinfluss L_e ausgeglichen wird. Dazu werden die originalen Graustufen g in Abhängigkeit des Umgebungslichteinflusses L_e mit $g \to g^*$ mit $g^* = f(g, L_e, \gamma)$ so geändert, dass der wahrgenommene Graustufenverlauf bei Umgebungslicht $p^*(g^*)$ aus Gleichung 3.18 bei einem Gammakorrektionsfaktor γ linear wird:

$$p^*(g) \to p^*(g^*) = \left(\frac{L_F(g^*) + L_e}{L_0} \right)^{\frac{1}{\gamma}} \equiv m \cdot g + b \tag{5.7}$$

Durch Umformen der Gleichung 5.7 ergibt sich mit Gleichung 3.15 g^* zu:

$$g^* = f(g, L_e, \gamma) = \left(\frac{(m \cdot g + b)^\gamma \cdot L_0 - L_e - L_B}{L_w - L_B} \right)^{\frac{1}{\gamma}} \cdot (2^W - 1) \tag{5.8}$$

Als Vorgabe für die Berechnung von m und b soll gelten, dass die minimale und die maximale Graustufe nicht geändert wird, d.h. schwarz in einem Bild soll schwarz bleiben und weiß in einem Bild soll weiß bleiben:

$$f(g = 0, L_e, \gamma) \equiv 0 \tag{5.9}$$

$$f\left(g = (2^W - 1), L_e, \gamma\right) \equiv (2^W - 1) \tag{5.10}$$

Damit ergibt sich m und b zu:

$$m = \frac{\left(\frac{L_w + L_e}{L_0}\right)^{\frac{1}{\gamma}} - b}{(2^W - 1)} \tag{5.11}$$

$$b = \left(\frac{L_e + L_B}{L_0}\right)^{\frac{1}{\gamma}} \tag{5.12}$$

Um bei Farbbildern ein Ausbleichen zu vermeiden, wird die Graustufenanpassung auf den Farbkanälen $c = R, G, B$ in Abhängigkeit des Maximalwerts jedes Pixels $V = max(R, G, B)$ durchgeführt. Es wird $V \rightarrow V^*$ für jedes Pixel ersetzt.

5.2.9. ALGORITHMUSSTRUKTUR

Zur automatisierten Anpassung des Bildinhalts wird die Struktur wie in Bild 5.13 verwendet und zur Echtzeitfähigkeit wird die Verarbeitung der Videodaten im Rechenwerk und die Streckungsfaktorberechnung im Steuerwerk durchgeführt. Im Rechenwerk findet die Multiplikation der Pixelwerte $I(z)$ mit dem Streckungsfaktor $S(z)$ des aktuellen Frames z statt. Der Streckungsfaktor wird wie in Kapitel 5.2.3 beschrieben berechnet. Als Basis wird der dynamische Histogrammverlust c_L in Abhängigkeit des Umgebungslichts L_e und der mittleren Bildhelligkeit $I(\bar{z})$ des Frames z verwendet. Das System wird auf die Bearbeitung von Video mit einer Bildwiederholrate von 60Hz ausgelegt, die Filterung des Streckungsfaktors erfolgt durch einen FIR-Filters erster Ordnung (30 Filtertaps mit $h(i) = \frac{1}{30}$, $i = 1..30$). Wird ein Szenenwechsel erkannt, werden alle Filtertaps auf den aktuellen Streckungsfaktor gesetzt. Die Berechnung des Streckungsfaktors ist so ausgelegt, dass die Berechnung innerhalb eines Frames beendet ist. Durch einen Bildspeicher wird der Streckungsfaktor dann auf den korrespondierenden Frame angewandt. Nach der Filterung wird der nächste Streckungsfaktor wird jeweils zu Beginn des nächsten Frame übernommen.

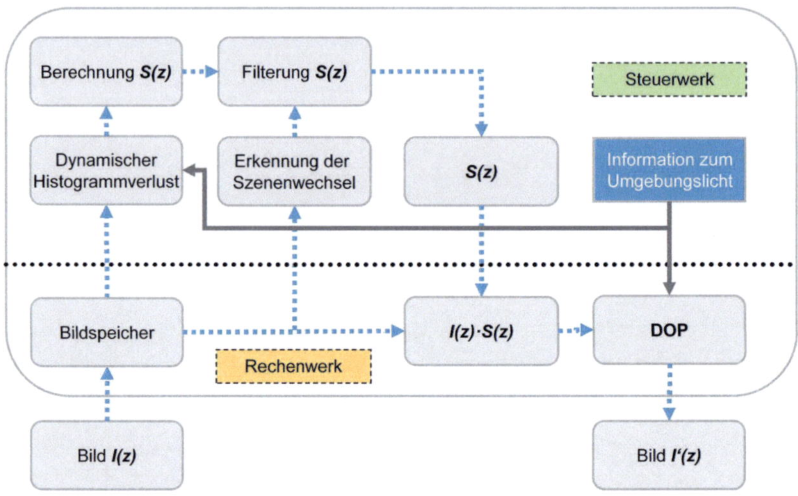

Abbildung 5.13.: Struktur des Videoenhancement Algorithmus

Gefolgt von der Streckung werden die Pixelwerte durch die umgebungslichtabhängigen Graustufenoptimierung an die Wahrnehmung bei Umgebungslicht angepasst. Für die Umsetzung der Gleichung 5.8 wurden für verschiedene automotive Lichtbedingungen Look-Up Tabellen berechnet. In Abhängigkeit des Umgebungslichts L_e wird die entsprechende Look-Up Tabelle ausgewählt.

5.2.10. BENCHMARKFAKTOR

Um den Zusammenhang zwischen Qualität und Performance auch im Vergleich zu anderen Methoden messbar zu machen, wird ein Benchmarkfaktor B_0 vorgestellt. Der Benchmarkfaktor B_0 soll dabei folgende Eigenschaften erfüllen:

- Relevanz zur wahrgenommenen Bildverbesserung
- Bewertung der Beeinträchtigung der Bildqualität

Ein solcher Bewertungsalgorithmus, erfordert eine objektive Bildbewertung. Wie die Untersuchungen in 5.2.4 gezeigt haben, sind die vorhandenen Algorithmen dazu aufgrund der Komplexität, Fehleranfälligkeit und Schwellenwertprobleme nur eingeschränkt verwendendbar.

Wichtig für die Verbesserung der Ablesbarkeit ist der Helligkeitsgewinn durch den Algorithmus. Als Alternative zur objektiven Bildbewertung bietet es sich daher an, die Helligkeitssteigerung durch den Algorithmus zu verwenden. Mit dieser Methode werden jedoch die Artefakte nicht bewertet.

Der vorgestellte Benchmarkfaktor aus diesem Grund in zwei Teile getrennt:

- Subjektive Überprüfung des vorliegenden Algorithmus und Festlegung der Algorithmusparamter
- Bewertung der Helligkeitssteigerung per Benchmarkfaktor

Bei Bildern und Videoaufnahmen sind die wichtigen Informationen meist in den mittleren Graustufen zu finden. Der Photograph oder Kameramann stellt die Belichtung der Kamera nach Möglichkeit so ein, dass dunkle Bereiche der Szene sichtbar sind und oder helle Bereiche nicht überbelichtet werden. Der Benchmarkfaktor wird daher so berechnet, dass a) die Helligkeitssteigerung bewertet und b) die Helligkeitssteigerung von dunklen und mittleren Graustufen hervorgehoben wird. Zur Berechnung des Benchmarkfaktor B_0 wird folgende Formel verwendet:

$$B_0 = \frac{1}{3} \sum_{c=r,g,b} B_{0,c} = \sum_{c=r,g,b} \frac{\sum_{i=1}^{N} L_{new,c,i}}{\sum_{i=1}^{N} L_{old,c,i}} \tag{5.13}$$

$$L_{old,c,i} \geq \begin{cases} 1; & G_{old,c,i} > G_{max} \\ G_{old,c,i}^{\gamma}; & G_{old,c,i} \leq G_{max} \end{cases} \tag{5.14}$$

$$L_{new,c,i} \geq \begin{cases} 1; & G_{new,c,i} > G_{max} \\ G_{new,c,i}^{\gamma}; & G_{new,c,i} \leq G_{max} \end{cases} \tag{5.15}$$

- $L_{old,c,i}$ der relevanten, normalisierten Leuchtdichte für jedes Pixel
- $L_{new,c,i}$ der relevanten, normalisierten Leuchtdichte für jedes Pixel *nach* der Anwendung von DIE und DOP
- $G_{old,c,i}$ den relevanten Graustufen der Pixel *vor* der Anwendung von DIE und DOP
- $G_{new,c,i}$ den relevanten Graustufen der Pixel *nach* der Anwendung von DIE und DOP
- G_{max} zur Unterscheidung der relevanten Grauwerte
- c der Farbindex der Primärvalenzen r, g, b

- N der Anzahl der Pixel im Bild
- γ der verwendete Gamma Parameter

Helle Graustufen sind, wie in Kapitel 3 dargestellt, bei Umgebungslicht weniger beeinflusst als dunkle Graustufen und müssen daher nicht so stark aufgehellt werden. Als Grenze für den maximalen Graulevel wird im Algorithmus $G_{max} = 0.75$ verwendet. Mittels der Limitierung mit der maximalen Graustufe G_{max} wird die Zunahme des Benchmarkwertes, bei einem „zu hohen" Streckungsfaktor abgeschwächt. Wie in Bild 5.14 zu sehen ist die Zunahme des Benchmarkfaktors B_0 ab „zu hohen" statischen Histogrammlimits deutlich niedriger als die Streckungsfaktoren.

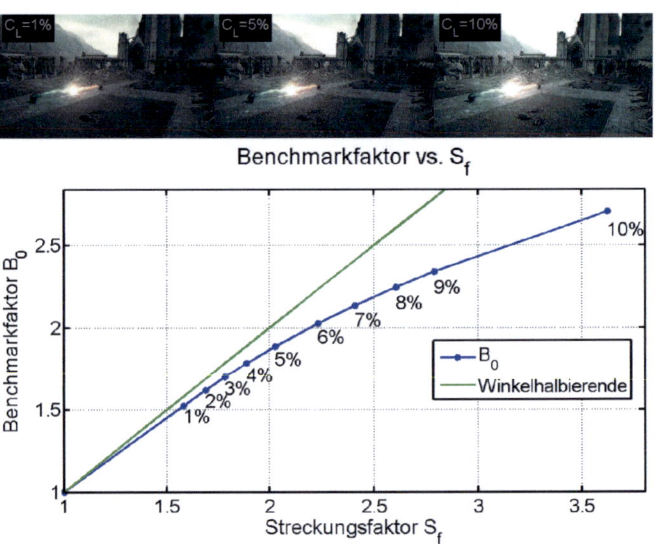

Abbildung 5.14.: Vergleich der Benchmarkfaktorberechnung gegenüber der Streckung mit verschiedenen Histogrammlimits c_L und Auswirkungen bei sichtbarer Artefaktbildung, **oben** Bilder mit Streckung unter Verwendung eines statischem Histogrammlimit $c_L = [0.01, 0.05, 0.1]$; **unten:** Benchmarkfaktor im Vergleich zum Streckungsfaktor B_0 für statische Histogrammlimits von $c_L = [0.01 \cdots 0.1]$, Bildquelle: [3]

Zusätzliche Subjektive Bewertung

Durch die Einschränkung, dass keine objektive Bildbewertung hinsichtlich der subjektiven Qualität durchgeführt wird, muss vor der Verwendung des Benchmarkfaktors eine subjektive Bewertung des zu bewertenden Algorithmus durchgeführt werden. Während der subjektiven Bewertung wird durch Parameteranpassung des Algorithmus die visuelle Qualität hinsichtlich der Zielfunktion aus Abschnitt 5.2.1 optimiert werden. Mit dem Benchmarkfaktor können dann vergleichbare Ergebnisse hinsichtlich Bildqualität und Performance der Algorithmen ermittelt werden.

5.2.11. ZUSAMMENFASSUNG UND EVALUIERUNG

Durch die in dieser Arbeit vorgestellten Algorithmen **DIE** und **DOP** wird die Wahrnehmung von Videomaterial bei Umgebungslicht verbessert. Im Gegensatz zur Methoden von Al-amri et al. [40], [39] und Mantiuk [17] wird eine Ablesbarkeitsverbesserung bei hoher Bildqualität und robusten Algorithmen erreicht.

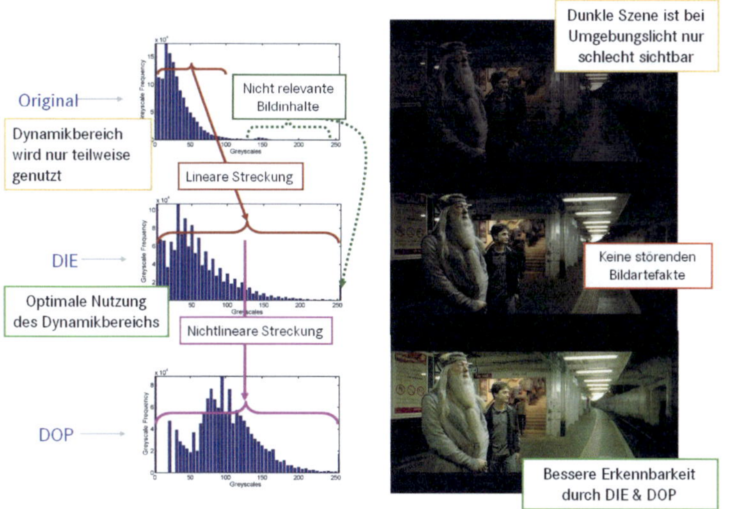

Abbildung 5.15.: Zusammenfassung der Algorithmen DIE & DOP.

Die in Kapitel 5.2.9 beschriebene Struktur ermöglicht eine effiziente, Echtzeitumsetzung der Algorithmen in einem FPGA - die Basis für den Einsatz in einem Fahrzeug. Im Kapitel 5.2.5 wird die Bewertung von Artefakten mit fünf Personen durchgeführt. Eine vollständige Probandenuntersuchung wird in Kapitel 6 vorgestellt. Der in Kapitel 5.2.10 vorgestellte Benchmarkfaktor ermöglicht zusätzlich zur subjektiven Bewertung in Kapitel 6 eine objektive Kennzahl. Der als mittlerer Benchmarkfaktor wird 3.2 erreicht. Wie in Bild 5.16 zu sehen, ist der Benchmarkfaktor direkt Abhängig zum Eingangsmaterial, da bei hellen Bildern keine Ablesbarkeitsverbesserung erreicht werden kann. Für die kritischen, dunklen Videoszenen liegt Benchmarkfaktor höher. Als Testmaterial wurde das IEC62087 [59] Video verwendet.

Benchmarkwerte für DIE/DOP

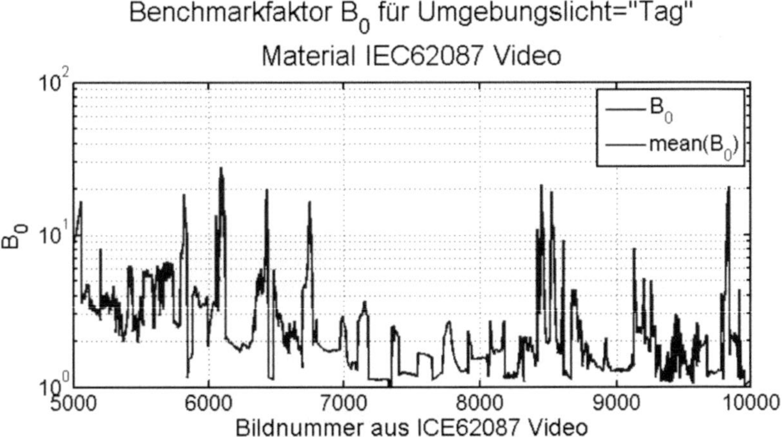

Abbildung 5.16.: Analyse Benchmarkfaktor B_0 für IEC62087 Video Material

5.3. Qualitätssteigerung von Menüinhalten

Bei Menüdarstellungen werden die Inhalte auf Basis von stilistischen und funktionalen Ansprüchen erstellt. Die Wahrnehmung der Inhalte ist für eine optimale Brillanz und Wertanmutung bei einem definierten Einsatz optimiert - im Fall des Fahrzeugs beispielsweise der Verkaufsraum. Über Rahmenbedingungen (Vgl. ISO15008 [4]) werden Kontrastanforderungen an das Menüdesign gestellt, um die Ablesbarkeit von wichtigen Informationen bei den definierten Umgebungslichtbedingungen (Nacht, Tag, Sonne) zu gewährleisten. Diese Anforderungen sichern die Ablesbarkeit bei Umgebungslicht. Durch eine Steigerung der Ablesbarkeit soll die Wertanmutung des Displays bei den verschiedenen Umgebungslichtbedingungen optimiert werden.

5.3.1. Zielfunktion für Menüdarstellung

Im Gegensatz zur Videodarstellung, wo zur Steigerung der wahrgenommenen Qualität eine Verbesserung des kompletten Bildes möglich ist, kann bei Menüdarstellungen vor allem über die verbesserte Wahrnehmung von Bilddetails die subjektive Displayqualität gesteigert werden. Als Randbedingung müssen die Vorschriften der ISO15008 [4] eingehalten werden, was sich durch eine definierte Erhaltung oder Steigerung der vorhandenen Kontraste erreichen lässt. Der stilistische Eindruck der Menüdarstellungen wurde bewusst gewählt und entspricht in den meisten Fällen einer firmenweiten Designvorgabe. Ebenfalls gilt für die Steigerung der wahrgenommenen Qualität, dass keine sichtbare Artefakte auftreten. Als Ziele ergeben sich daraus:

- Verbesserung der Wahrnehmung von Bilddetails
- kein Verlust von Kontrast (Gewährleistung der ISO15008)
- bestmögliche Erhaltung des stilistischen Eindrucks
- keine sichtbaren, störende Artefakte

5.3.2. POTENTIALE FÜR HMI ENHANCEMENT

Menüdarstellungen nutzen den Dynamikbereich des Displays bereits komplett aus. Im Vergleich zu Video sind Menüdarstellungen auch für einen anderen Einsatzzweck (beispielsweise Büro) entworfen. Es kommt darauf an die Inhalte für den gewählten Einsatzzweck bestmöglich für den Betrachter zur Verfügung zu stellen, weshalb kontrastreiche Darstellungen für wichtige bzw. aktive Menübereiche (Vgl. Bild 5.17 hellgrün markierter Bereich) gewählt werden. Lokal wird dabei auf etwas Kontrast (in Farbe und Helligkeit) verzichtet, um Bereiche zu unterscheiden und den visuellen Eindruck der Darstellung zu verbessern (Vgl. Bild 5.17 grün und blau markierter Bereich). Zusätzlich werden die Darstellungen oft mit Details angereichert (Vgl. Bild 5.17 orange markierter Bereich), um die Wertanmutung der Darstellung zu steigern.

Abbildung 5.17.: Beispiel für eine Menüdarstellung im Fahrzeug

Wird der Dynamikbereich vollständig genutzt, (Bild 5.17 hellgrüner Bereich) ist ein Enhancement nicht möglich. Anderen Bereiche in Bild 5.17 (dunkelgrün, blau und orange) bieten folgende Potentiale:

- lokale Steigerung des Kontrastes

- Anpassung der Pixelhelligkeiten an die umgebungslichtabhängige Wahrnehmung unter Einhaltung der ISO15008
- Anpassung der Farbsättigung an die Umgebungslichtsituation
- Kontraststeigerung durch Verzicht auf dunkle und helle Bilddetails (für extreme Lichtbedingungen)

5.3.3. ALGORITHMEN ZUR ABLESBARKEITSVERBESSERUNG VON MENÜDARSTELLUNGEN

Lokale Steigerung des Kontrastes

„Markante Ereignisse in einem Bild, wie Kanten und Konturen, die durch lokale Veränderungen der Intensität oder Farbe zustande kommen, sind für die visuelle Wahrnehmung und Interpretation von Bildern von höchster Bedeutung." [60]. Wird die Sichtbarkeit von Kanten und Konturen durch Umgebungslicht abgeschwächt, so kann lokal, falls der Dynamikbereich nicht vollständig genutzt wird, durch eine Verstärkung der Kanten die Wahrnehmung und Interpretation des Bildinhalts verbessert werden. Verbreitet zur „Schärfung von Kanten" ist ein Laplace-Filter [60]. Das Prinzip dieser Methode zur Kantenschärfung ist die Überlagerung der zweiten Ableitung des Bildes mit dem Originalbild selbst:

$$\hat{f}(x) = f(x) - w \cdot f^{''}(x) \tag{5.16}$$

Mit Hilfe des Faktor w kann die Wirkung der Kantenschärfung eingestellt werden. Im zweidimensionalen kann die zweite Ableitung durch den Laplace-Operator ∇^2, definiert als Summe der zweiten partiellen Ableitung in x- und y-Richtung, beschrieben werden. Die Summe der zwei partiellen Ableitungen lässt sich beispielsweise über ein zweidimensionales Laplace-Filter H^L der Form darstellen (Vgl. [60]):

$$H^L = H_x^L + H_y^L = \begin{pmatrix} 0 & 1 & 0 \\ 1 & -4 & 1 \\ 0 & 1 & 0 \end{pmatrix} \tag{5.17}$$

Das Laplace-Filter wird auf das Bild I angewandt und multipliziert mit dem Faktor w mit dem Bild I überlagert. Das in den Kanten verstärkte Bild I' kann mit H^L über die Formel 5.18 berechnet werden:

$$I' = I - w(H^L * I) \qquad (5.18)$$

Abbildung 5.18.: Oben-links: Originalbild ohne Umgebungslichteinfluss, Oben-rechts: Beispiel für eine Anhebung der Akutanz unter Anwendung eines 3x3 Laplace Filter H^L_* mit w=0.15 ohne Umgebungslichteinfluss, Unten: Beispiel bei simuliertem Umgebungslicht mit $L_w = 400cd/m^2$ bei Umgebungslichteinfluss $L_e = 0.1 \cdot L_w$ und einer Adaptionsleuchtdichte von $L_a = 2500cd/m^2$, links: ohne und rechts: mit Anhebung der Akutanz

Der in Formel 5.17 dargestellte Laplace-Filter wirkt *nur* in horizontaler und vertikaler Richtung. An diagonalen Kanten findet keine Kantenverstärkung statt, wodurch Artefakte an diagonalen Kanten auftrefen können. Der Operator aus Formel 5.17 kann wie folgt geändert werden, um auch die Diagonalen Kanten mit zu berücksichtigen:

$$H^L_* = \begin{pmatrix} 1 & 1 & 1 \\ 1 & -8 & 1 \\ 1 & 1 & 1 \end{pmatrix} \qquad (5.19)$$

Das Ergebnis der Kantenverstärkung für den Laplace-Filter H_*^L auf eine Menüdarstellung ist in Abbildung 5.18 dargestellt. Für die Darstellung hat die Anwendung des Laplace-Operators nur an den Kanten einen Einfluss. Damit wird das Gesamtbild wenig verändert. Die Wahrnehmbarkeit und Interpretation der dargestellten Informationen wird verbessert und durch die Kantenüberhöhung wird der Kontrast wird nicht negativ beeinflusst. Die Kantenverstärkung wirkt zusätzlich nur in Relation zur bestehenden Kante, d.h. es wird eine kontrastreiche Kante mehr verstärkt als eine kontrastarme Kante, wodurch auch das stilistische Erscheinungsbild wenig verändert wird.

Umgebungslichtabhängiges Remapping der Farbsättigung

Wie in Abb. 3.12 dargestellt, wird der Farbraum in allen drei Dimensionen gestaucht. Die Idee ist die Verschiebung des Farborts durch das Umgebungslicht mittels des umgebungslichtabhängigen Remapping der Farbsättigung auszugleichen. Ziel der Methode ist es, die Ablesbarkeit zu steigern, indem der Farbabstand $\Delta E_{u,v}^*$ (Vgl. Wyszecki und Stiles [27]) vergrößert wird.

$$\Delta E_{u,v}^* = \sqrt{(\Delta L^*)^2 + (\Delta u^*)^2 + (\Delta v^*)^2} \tag{5.20}$$

Durch das Umgebungslicht wird die Farbsättigung auf der Farbebene u', v' in Richtung des Farborts des Umgebungslichts verschoben, wie in Bild 5.19 dargestellt.

Ziel ist es, den Abstand der Farbe u', v' zum Farbort des Umgebungslichts u_n', v_n' wieder zu vergrößern. Dazu wird der Abstand zwischen den Farborten durch eine Multiplikation mit einem Streckungsfaktor S vergrößert. Dabei müssen die neuen Farborte im Farbdreieck D der Primärvalenzen rot (u_R', v_R'), grün (u_G', v_G') und blau (u_B', v_B') liegen:

$$\begin{aligned}
(\tilde{u}' - u_n') &= (u' - u_n') \cdot S \\
\tilde{u}' &= (u' - u_n') \cdot S + u_n'
\end{aligned} \tag{5.21}$$

$$\begin{aligned}
(\tilde{v}' - v_n') &= (v' - v_n') \cdot S \\
\tilde{v}' &= (v' - v_n') \cdot S + v_n'
\end{aligned} \tag{5.22}$$

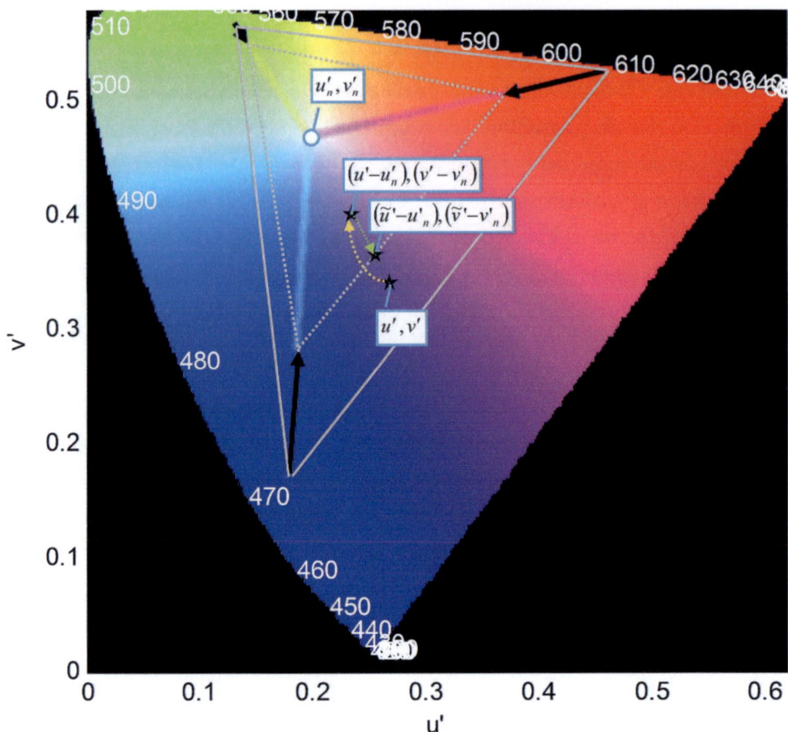

Abbildung 5.19.: Sättigungsverlust der Farbe u', v' in Richtung des Farborts des Umgebungslicht u'_n, v'_n und Ausgleich durch $\tilde{u}', \tilde{v}'$

$$\tilde{u}', \tilde{v}' \in D \qquad (5.23)$$

Der Farbabstand darf durch die Methode nie schlechter werden. Um dies zu erreichen, muss die Farbe mit der höchsten Sättigung $A_{u', v'}$ als Grundlage für die Streckung betrachtet werden. Die neue Farbe darf maximal auf der Verbindungslinie von zwei Primärvalenzen bzw. einer Primärvalenz selbst liegen. Der maximale Streckungsfaktor ergibt daher wie folgt:

$$S : A_{u', v'} \rightarrow A_{\tilde{u}', \tilde{v}'} \; mit \; \tilde{u}', \tilde{v}' \in D \qquad (5.24)$$

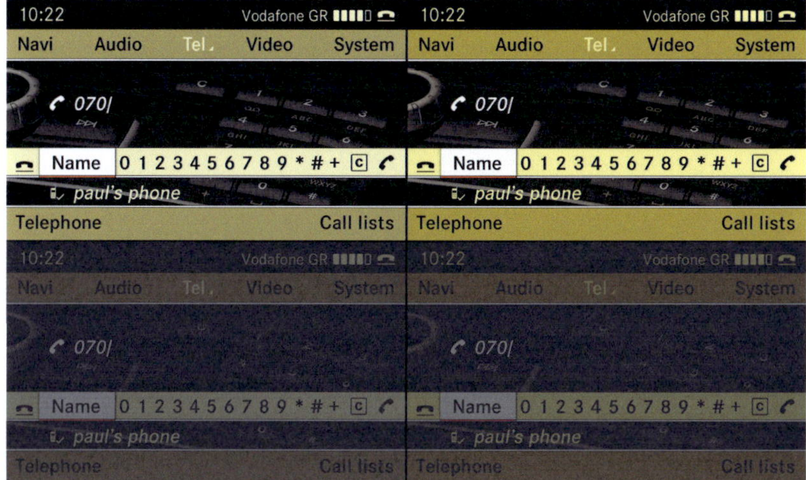

Abbildung 5.20.: Oben-links: Originalbild, Oben-rechts: Beispiel für eine Anhebung der Sättigung um 30%, Unten: Beispiel bei simuliertem Umgebungslicht mit $L_w = 400cd/m^2$ bei Umgebungslichteinfluss $L_e = 0.1 \cdot L_w$ und einer Adaptionsleuchtdichte von $L_a = 2500cd/m^2$, links: ohne und rechts: mit Anhebung der Sättigung

Umgebungslichtabhängiges Remapping der Pixelhelligkeiten

Setzt man wie, Ware [39], den Gamma Wert auf einen geringeren Wert, werden die dunklen Graustufen in der Leuchtdichte aufgehellt und die Wahrnehmbarkeit bei Umgebungslicht wird verbessert. Durch Anwendung der Methode DOP (Vgl. Kapitel 5.2.8) kann die Wahrnehmbarkeit der Graustufen, insbesondere von Graustufenverläufen, in Abhängigkeit des Umgebungslichts verbessert werden. Auch bei DOP werden dazu Graustufen angehoben, wodurch bei Kontrasten mit dunklen Graustufen ($\neq$schwarz) der Kontrast verschlechtert wird, wie beispielsweise in Bild 5.21 dargestellt. Die ISO15008 [4] schreibt für die definierten Umgebungslichtsituationen minimale Kontraste vor:

- Nacht $C_R = 5 : 1$ (Beleuchtungsstärke am Display $E_i \leq 2lx$)
- Tag $C_R = 3 : 1$ (Beleuchtungsstärke am Display $E_i = 3klx$)
- Sonne $C_R = 2 : 1$ (Beleuchtungsstärke am Display $E_i \geq 45klx$)

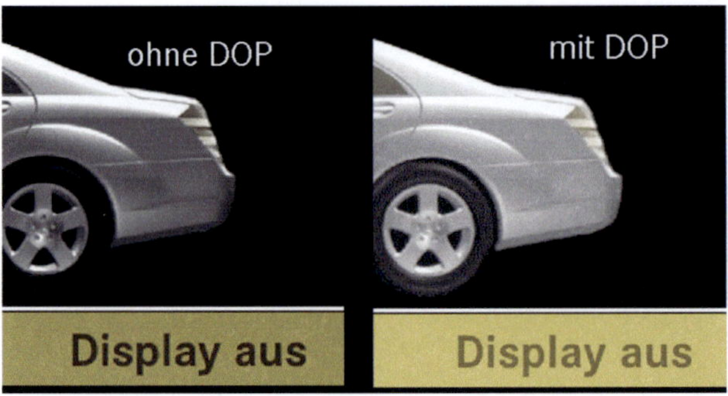

Abbildung 5.21.: Darstellung einer Kontrastverschlechterung durch DOP

Um die ISO15008 [4] zu gewährleisten, kann DOP nur bis zu einer maximalen Stufe in Abhängigkeit der Displayeigenschaften (Coating & maximale Helligkeit) angewandt werden. Die ISO15008 definiert den Kontrast als Division der maximalen L_{high} zur minimalen L_{low} Leuchtdichte:

$$R_C = \frac{L_{high}}{L_{low}} \tag{5.25}$$

Um die ISO15008 Bedingungen zu erfüllen, müssen je nach den Eigenschaften des Displays maximale Helligkeit L_w, Gamma-Wert γ und Oberflächeneigenschaften ρ Leuchtdichten für den Vordergrund L_{vg} und den Hintergrund L_{bg} verwendet werden. Die Leuchtdichten ergeben sich aus der ISO15008 zu:

$$L_{vg} + L_e = \left(L_{bg} + L_e\right) \cdot R_C \tag{5.26}$$

In diesem Fall nehmen wir an, dass g_{gb} gegeben ist.

$$L_{bg} = \left(\frac{g_{bg}}{2^W - 1}\right)^{\gamma} \cdot (L_w - L_b) + L_b \tag{5.27}$$

Je nach Oberflächeneigenschaft variiert die reflektierte Leuchtdichte L_r und somit die externe Leuchtdichte L_e. Die Schleierleuchtdichte L_v wird in der ISO15008 nicht betrachtet. Aus der Gleichung 5.26 kann über die Gamma-

Charakteristik die minimal benötigte Vordergrundgraustufe g_{vg} für eine gewählte Hintergrundgraustufe g_{bg} berechnet werden.

$$g_{vg} = \left(\frac{L_{vg} - L_b}{L_w - L_b} \right)^{\frac{1}{\gamma}} \cdot (2^W - 1) \tag{5.28}$$

$$\tag{5.29}$$

In Abbildung 5.22 ist die, durch die Kontrastanforderung in der ISO15008 (5:1, 3:1, 2:1) geforderte Vordergrundgraustufe g_{vg} in Abhängigkeit der Hintergrundgraustufe g_{bg} dargestellt. Dafür wurden für die Darstellung 5.22 folgende Annahmen getroffen: Nacht (reflektierte Leuchtdichte) $L_r = 0cd/m^2$, Tag $L_r = 10cd/m^2$ und Sonne $L_r = 150cd/m^2$. Die rote gepunktete Linie beschreibt die kombinierte Minimalanforderung der ISO15008 über alle drei Umgebungslichtsituationen. Wird während des Designvorgangs die ISO15008

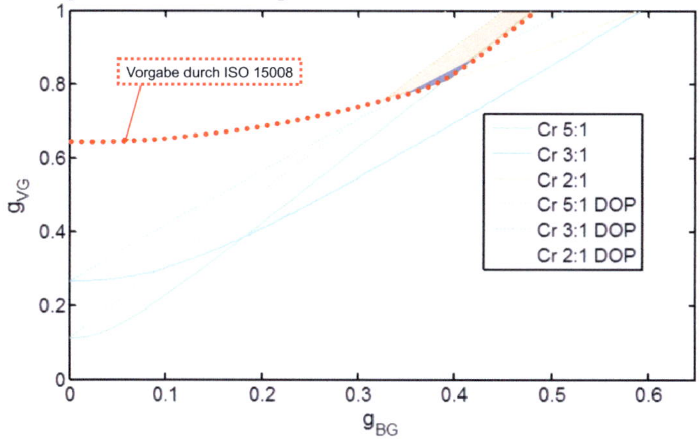

Abbildung 5.22.: Darstellung der minimalen Vordergrundgraustufe in Abhängigkeit der Hintergrundgraustufe unter Berücksichtigung der in der ISO15008 definierten Umgebungslichtsituationen und Kontrastanforderungen.

eingehalten (Abbildung 5.22 rote Linie), so ergeben sich für die Anwendung von DOP im gewählten Fall zwei kritische Bereiche. Insbesondere für den

Fall der Anwendung von DOP während der Umgebungslichtsituation Sonne ($R_C = 2 : 1$), ergibt sich gesteigerte Anforderung an die Vordergrundgraustufen. Da bei der Umgebungslichtsituation Sonne die Schwierigkeit darin liegt überhaupt die Kontrastanforderungen zu erfüllen, kann in diesem Fall auf die verbessernde Wirkung durch DOP verzichtet werden. Der zweite kritische Bereich (Abbildung 5.22 oranger Bereich) ist von Bedeutung für die Anwendung von DOP bei den Umgebungslichtsituationen Nacht und geringfügig bei Tag. Bei Nacht wird DOP nicht angewandt. Dadurch bleibt ein sehr geringer kritischer Bereich übrig (Abbildung 5.22 blauer Bereich). Um DOP bei Tag komplett anzuwenden, wäre eine geringe Anpassung des Designs hinsichtlich der Graustufen notwendig. Zusätzlich ist es notwendig bei extrem hellen Umgebungslichtbedingungen DOP sensorgestützt abzuschalten. Von Vorteil für die Anwendung von DOP ist ein schwarzer Hintergrund, hier entstehen über alle Lichtbedingungen keine Einschränkungen. In diesem Fall wird der Kontrast durch DOP immer verstärkt, da nur die Graustufe angehoben, Schwarz hingegen aber nicht verändert wird.

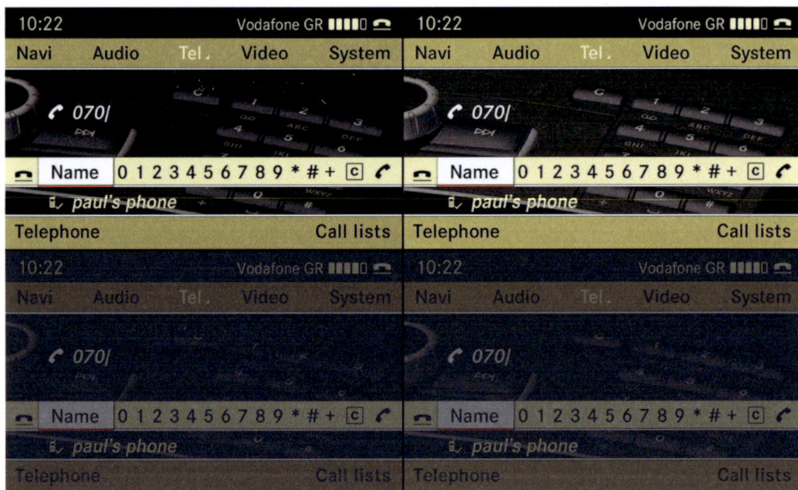

Abbildung 5.23.: Oben-links: Originalbild, Oben-rechts: Beispiel für DOP mit $L_e = 0.1 \cdot L_w$, Unten: Beispiel bei simuliertem Umgebungslicht mit $L_w = 400cd/m^2$ bei Umgebungslichteinfluss $L_e = 0.1 \cdot L_w$ und einer Adaptionsleuchtdichte von $L_a = 2500cd/m^2$

5.3.4. EVALUIERUNG UND DISKUSSION

Werden die Methoden der Kantenverstärkung, Sättigungserhöhung und DOP kombiniert, kann eine deutliche Verbesserung der Wahrnehmbarkeit von HMI-Bildern bei Umgebungslicht erzielt werden. Je nach Umgebungslichtsituation kann mittels der Parameter, für jede Methode der Grad der Verbesserung eingestellt werden. So wird bei dunklen Umgebungslichtsituationen vollständig auf das Enhancement verzichtet und es wird der ursprüngliche Zustand erhalten. Bei Umgebungslicht wird durch die Methoden das ursprüngliche Design so weit wie möglich unterstützt. In einer Expertenevaluierung wird

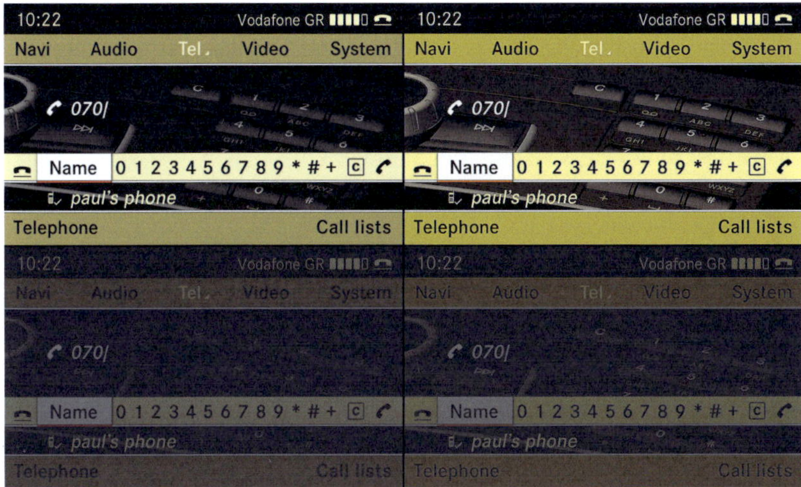

Abbildung 5.24.: Oben-links: Originalbild, Oben-rechts: Beispiel für eine Verbesserung einer Menüdarstellung der als Kombination von Kantenverstärkung, Sättigungserhöhung und DOP, Unten: Beispiel bei simuliertem Umgebungslicht mit $L_w = 400cd/m^2$ bei Umgebungslichteinfluss $L_e = 0.1 \cdot L_w$ und einer Adaptionsleuchtdichte von $L_a = 2500cd/m^2$

die Verbesserung bei Umgebungslicht subjektiv bewertet. In der durchgeführten Untersuchung bewerten fünf Probanden je zehn Testbilder, in zufälliger Reihenfolge mit und ohne HMI-Verbesserung. Als Aufbau wird eine Kon-

Tabelle 5.1.:

Leuchtdichten der verwendeten Lichtsituationen für die Expertenevaluierung zum HMI-Enhancement

$C_r(L_e)$	$L_v cd/m^2$	$L_r cd/m^2$	$L_w cd/m^2$
Tag 1 6:1	$\bar{L}_v \approx 50$ ($\bar{L}_g = 3000 cd/m^2$)	$\bar{L}_r = 30$	400
Tag 2 4:1	$\bar{L}_v \approx 80$ ($\bar{L}_g = 5000 cd/m^2$)	$\bar{L}_r = 50$	400

figuration ähnlich der ISO15008 [4] für die reflektierte Leuchtdichte L_r in Kombination mit einer fahrzeugnahen Blendsituation genutzt, um die Schleierleuchtdichte L_v hervorzurufen. Für die Blendsituation wird eine Leinwand so beleuchtet, dass der Öffnungswinkel im Sichtfeld vertikal 60° und horizontale 120° beträgt. Die beleuchtete Fläche ist vertikal mit der Oberkante des Displays nach oben hin geöffnet und horizontal zum Display zentriert. Das Display ist in einem Abstand von 1m unter einem Sichtwinkel, horizontal um 10° nach unten und vertikal um 30° nach rechts, zum Fahrer montiert.

Als Display wurde ein 7" 6-Bit RGB Panel mit AGAR Coating mit einer Auflösung von 800x480 Pixel mit einer maximalen Leuchtdichte von $L_w = 400 cd/m^2$ verwendet. Als Parameter für das HMI-Enhancement wurden für beide Lichtsituationen, wie in Bild 5.24 dargestellt, für die Kantenschärfung $w = 0.5$, Sättigung $S = 1.3$, DOP $\beta = 0.25 \cot L_w$ verwendet. Zur Bewertung

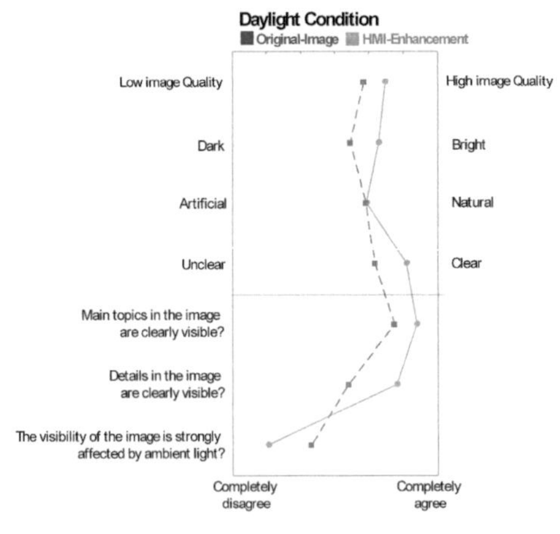

Abbildung 5.25.: Ergebnis für Lichtbedingung „Tag"

wurde ein Bewertungsbogen A.10 auf Papier verwendet und danach elektronisch erfasst. Die Auswertung der Bewertungen sortiert nach Bildern mit und ohne HMI-Enhancement zeigt die Verbesserung der Ablesbarkeit für das

Gesamtbild sowie für die Details für beide Lichtsituationen. Der Bildeindruck wird durch das HMI-Enhancement von den Probanden ebenfalls höher bewertet. Keine Unterschiede zeigen sich bei der Bewertung der *Natürlichkeit* der Bilder, was darauf schließen lässt, dass das bekannte Design bei Umgebungslicht subjektiv durch das HMI-Enhancement wenig verändert wird.

Die Ergebnisse der Expertenevaluierung zeigen auf, dass eine Verbesserung der Akzeptanz und prinzipiell eine Kundenakzeptanz vorhanden ist. Für eine Verwendung der vorgestellten Algorithmen, muss je nach Charakteristik der vorliegenden Menüdarstellungen ein optimaler Parametersatz für die Algorithmen erstellt und in einer Probandenstudie verifiziert werden.

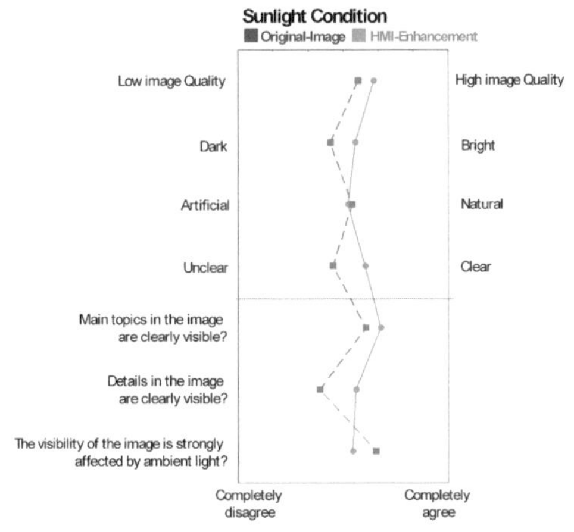

Abbildung 5.26.: Ergebnis für Lichtbedinung „Sonne"

KAPITEL 6

PROBANDENSTUDIE ZUM VIDEOENHANCEMENT

6.1. FRAGESTELLUNGEN

Die Algorithmen Dynamic Image Enhancement (**DIE**) und Daylight Optimized Perception (**DOP**) aus Kapitel 5 ermöglichen für Videoinhalte eine in Abhängigkeit der Umgebungslichtbedingungen verbesserte Ablesbarkeit. Die Algorithmen sind dabei nicht verlustfrei, d.h. es ergeben sich positive Auswirkungen auf die Ablesbarkeit, allerdings entstehen auch Bildartefakte, wie in Kapitel 5.2.2 diskutiert. In der Untersuchung soll die Kundenakzeptanz und Wertanmutung der Technologien DIE & DOP für Videodarstellungen bei typischen Umgebungslichtbedingungen im Automobil ermitteln werden.

6.2. VERSUCHSSTRATEGIE

Die Kundenakzeptanz kann prinzipiell für beliebig viele Lichtsituationen und Parametereinstellungen untersucht werden. Die Studie soll pro Proband eine Länge von 90 min nicht überschreiten. Dadurch ist es notwendig, die zu untersuchenden Lichtbedingungen und Parameter einzuschränken.

Die Algorithmen sollen für zwei Nutzungssituationen („Use-Cases") eingesetzt werden:

1. Tag & Sonne: Verbesserung der Wahrnehmung der angezeigten Inhalte
2. Nacht: Verminderung der Sichtbarkeit von Crosstalk[1] beim SplitView Display

---

[1] Übersprechen des Fahrerbildes auf die Beifahrerseite oder umgekehrt

Daher bietet es sich an, die Anzahl von Lichtbedingungen hinsichtlich der „Use-Cases" zu reduzieren. Für den Versuch wurden daher die Lichtbedingungen Tag und Sonne („Use-Case 1)", Nacht („Use-Case 2)" gewählt.

Die Probanden sollen bei den drei Lichtsituationen die Wertigkeit und Akzeptanz der Algorithmen DIE&DOP bewerten. In mehrminütiger Darbietung von Videoszenen in Kombination mit den Algorithmen wird die Technologie für die Probanden erlebbar gemacht. Dabei werden je Lichtsituation drei verschiedene DIE/DOP-Level (DIE1, DIE2, DIE3) und das Original ohne DIE/DOP zur Bewertung gezeigt. Zusätzlich wird bei den Situationen Tag & Sonne den Probanden eine weitere Referenz angeboten. Dabei sind die Probanden aufgefordert über die Einstellungen Kontrast, Farbe und Sättigung - individuell - für die aktuelle Lichtsituation die subjektiv beste Einstellung zu finden.

Die subjektive Akzeptanz und Wertanmutung wird mit Befragungsbögen erfasst. Durch die Videoszenen entstehen mehrminütige Zeitintervalle zwischen den Lichtbedingungen, was die Schwierigkeit der Differenzierung erhöht. Durch die reduzierte Vergleichbarkeit werden die Parameter stärker für sich bewertet.

6.3. STICHPROBE

Die Untersuchung wurde mit 44 Probanden durchgeführt. Dabei wurden die Probanden so ausgesucht, dass möglichst ein breites Spektrum hinsichtlich des Alters und der Fahrleistung erreicht wird.

Tabelle 6.1.:

Stichprobe zur Untersuchung der Akzeptanz von DIE und DOP

Probanden	Frauen	Männer	Alter	Fahrleistung/Jahr
44	13	31	21...66, Ø=47	5...80tkm, Ø=21tkm

6.4. BELEUCHTUNGSSZENARIEN

Um die in Kapitel 3.2 diskutierten Beleuchtungsstärken zu erreichen, wurden Tageslichtscheinwerfer (Arri 2500 Daylight Compact) verwendet. Die Variation der Beleuchtungsstärke für einzelne Lichtbedingungen wurde dabei mit mechanischen Shuttern erreicht. Der Lichteinfluss L_e sollte sich aus den Komponenten

1. reflektierte Leuchtdichte (L_r) und
2. Schleierleuchtdichte (L_v)

zusammensetzen. Für die Intensitäten wurden typische automobile Lichtbedingungen für Nacht, Tag und Sonne (Vgl. 6.2) gewählt. Während der Nachtsituation wurde, um die Blendung der Testperson durch das Display zu vermindern, die Displayhelligkeit L_w entsprechend angepasst (vgl. Tab. 6.2).

Tabelle 6.2.:
Leuchtdichten und Kontraste der verwendeten Lichtsituationen

$C_r(L_e)$	$L_g\ cd/m^2$	$L_r\ cd/m^2$	$L_w\ cd/m^2$
Nacht 500:1	Ø<5	Ø<1	140
Tag 6.5:1	Ø=1.3k	Ø=75 ($E_i = 15klx$)	400
Sonne 2.5:1	Ø=2.28k	Ø=300 ($E_i = 60klx$)	400

Lichtsituationen im Detail
Der Proband (**1**) sitzt unter einem Blickwinkel von 30° zum Display (**2**), das Display wird unter 45° durch einen Tageslichtscheinwerfer (**3**) beleuchtet, um die reflektierte Leuchtdichte L_r zu erzeugen. Mittels eines weiteren Tageslichtscheinwerfers (**4**) wird die Schleierleuchtdichte L_v durch die Blendung L_g über eine Leinwand (**5**) hervorgerufen. Die Immersion wird durch den Scheinwerfer (**6**) und Leinwand (**7**) verstärkt. Der Scheinwerfer (**6**) und die Leinwand (**7**) haben auf die umgebungslichtabhängige Wahrnehmungssituation einen vernachlässigbaren Einfluss. Die Steuerung der Lichtsituationen wurde mittels eines Lichtmischpults (Lightcommander 12/2) (**8**) gesteuert. Zur Reproduktion der jeweiligen Lichtsituation wurden die Einstellungen für

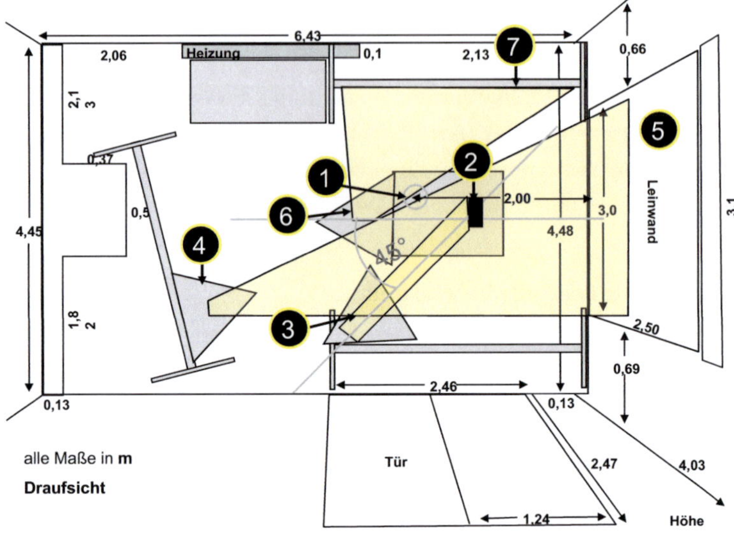

Abbildung 6.1.: Verwendete Lichtsituationen (I)

die Shutter im Mischpult gespeichert. Über einen PC (**9**) wurden die Videosequenzen auf das Display ausgegeben, sowie die Parametereinstellungen für DIE & DOP gesteuert. Als Display wurde ein Fahrzeugdisplay aus der Mercedes-Benz S-Klasse (BR221) verwendet. Für die Beleuchtung des Displays werden für die Lichtbedingung „Tag" diffuses Licht (via Diffusor neben dem Display, Abbildung 6.3) und für die Lichtbedingung „Sonne" direktes Licht (Scheinwerfer direkt, Abbildung 6.4) auf das Display verwendet, wodurch ein Eindruck ähnlich einer realen Fahrzeugumgebung hervorgerufen wird.

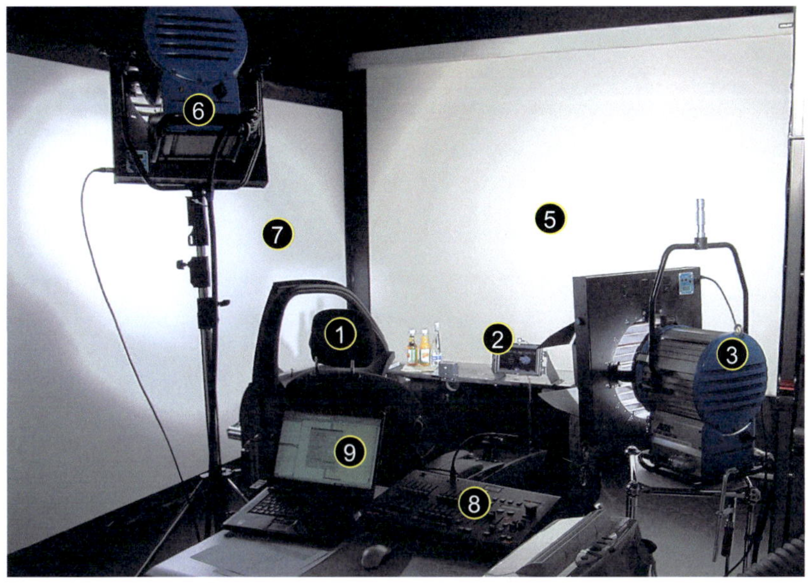

Abbildung 6.2.: Verwendete Lichtsituationen (II)

Abbildung 6.3.: Beleuchtung für indirekte Sonne (Tag Situation)

Abbildung 6.4.: Beleuchtung für direkte Sonne (Sonne Situation

6.5. BILD- UND VIDEOMATERIAL

Als Videomaterial wurden fünf Videoszenen mit möglichst großer Bandbreite hinsichtlich der Helligkeit, Farbe, Bildrauschen und Art des Films ausgewählt. In Tabelle 6.3 ist die Auswahl der Videoszenen mit Unterscheidungsmerkmalen zusammengefasst.

Tabelle 6.3.:
Übersicht der verwendeten Videofilme

	Avatar: künstlicher, animierter Inhalt, dunkel, blaustichig, langsame Wechsel, mittlere Dynamikumfänge, Länge 190s
	Heat: älterer Film, leicht verrauscht, vorrangig Gesichter im Mittelpunkt, Länge: 79s
	Herr der Ringe: sehr dunkel, langsame Kameraschwenks, Natur, Länge: 191s
	Indiana Jones: sehr dunkel, verrauscht, leichter Farbstich (rot), wenige aber „harte" Szenenwechsel, Länge: 157s
	Matrix: schnelle Bewegungen und Wechsel, hohe Dynamikumfänge, mittlere Bildhelligkeit, Länge: 246s

6.6. VORAUSWAHL DER DIE UND DOP PARAMETER

Für die Bewertung werden insgesamt neun DIE α-Parameter ausgewählt, jeweils drei pro Lichtbedingung (Nacht, Tag, Sonne). Aus den Bewertungen in Kapitel 5.2.5 geht hervor, dass bei dunklen Umgebungslichtbedingungen ein durchschnittlich geringerer prozentualer Verlust c_L erforderlich ist, was bei niedrigen α-Level (vgl. DIE Kurven 5.2.6) erreicht wird. Es wird daher vermutet, dass bei Nacht der akzeptierte α-Level niedriger liegt als bei Tag und bei Tag wiederum niedriger als bei Sonne:

$$\alpha(Nacht) < \alpha(Tag) < \alpha(Sonne) \tag{6.1}$$

Für die Auswahl der Kurven für jede Lichtbedingung wurden folgende Vorgaben berücksichtigt:

- je Lichtbedingung soll ein optimaler α-Level hinsichtlich der Helligkeitssteigerung und Artefakten ausgewählt werden
- zusätzlich wird ein *leicht* verringerter sowie ein *leicht* erhöhter α-Level gewählt
- die Differenzierung der α-Level soll auch für einen „Laien" möglich sein
- der Unterschied der α-Level soll nicht so groß sein, dass diese sich eindeutig von der optimalen Bedingung unterscheiden

Auf dieser Basis der Vorgaben wurden für den Versuch folgende α- und β-Level gewählt:

Tabelle 6.4.:

Ausgewählte DIE&DOP-Kurven aus Tabelle A.4 und A.5

	DIE/DOP 1	DIE/DOP 2	DIE/DOP 3	Referenz
Nacht	$\alpha = 2, \beta = 0$	$\alpha = 7, \beta = 0$	$\alpha = 16, \beta = 0$	DIE/DOP off
Tag	$\alpha = 4, \beta = 150$	$\alpha = 9, \beta = 150$	$\alpha = 17, \beta = 150$	DIE/DOP off
Sonne	$\alpha = 6, \beta = 170$	$\alpha = 15, \beta = 170$	$\alpha = 27, \beta = 170$	DIE/DOP off

6.7. VERSUCHSABLAUF

Der gesamte Versuch gliedert sich pro Proband in drei Teile und wurde von einem Versuchsleiter durchgeführt und überwacht.

1. Begrüßung und Vorbefragung
2. DIE/DOP Untersuchung
3. Verabschiedung

Im ersten Teil wurden die Probanden begrüßt und in der Vorbefragung zu verwandten Themen zum Versuch befragt, wie beispielsweise die Beeinträchtigung von Displays durch Umgebungslicht oder die Bedeutung der Optimierung von Displays bei Umgebungslicht von den Probanden eingeschätzt wird. Die Probanden wurden ebenfalls zu ihren typischen Maßnahmen bei Umgebungslicht sowie zur Nutzung der Einstellungsmöglichkeiten zum Display im Fahrzeug befragt. Vor der Untersuchung im zweiten Teil wurden die Probanden dazu ermuntert, möglichst frei und spontan zu antworten - es gibt keine falschen Antworten. Während der Untersuchung wurden die Lichtbedingungen, DIE/DOP Parameter und Videosequenzen in zufälliger Abfolge dargeboten. Die individuelle Einstellung für Kontrast, Farbe und Helligkeit wurde pro Proband zufällig für die Sonne- oder Tagbedingung durchgeführt.

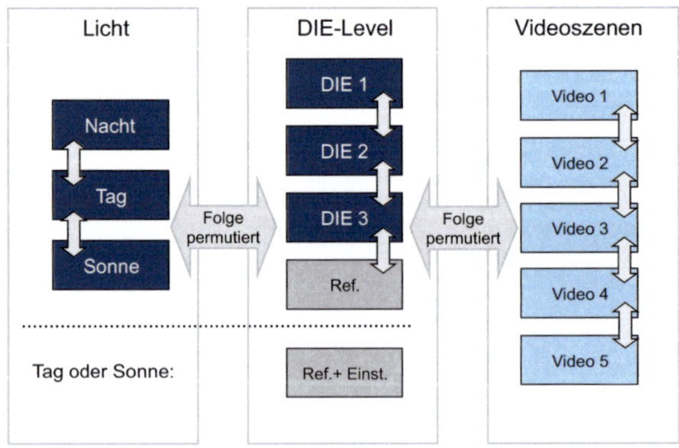

Abbildung 6.5.: Versuchsablauf zur Untersuchung der Wertigkeit und Akzeptanz der Algorithmen DIE&DOP

6.8. DATENAUSWERTUNG

Die Erfassung der subjektiven Bewertung wurde durch die Probanden für jede Licht- und Parametereinstellung auf einem Fragebogen notiert. Die Fragen sind dabei so ausgelegt, dass sie sich teilweise semantisch überlappen. Die subjektiven Bewertungen wurden nach dem Versuch zur Datenauswertung elektronisch erfasst und im Statistikprogramm SPSS (Version 18) ausgewertet. Dabei wurden die Akzeptanz und die Signifikanz innerhalb der Lichtbedingungen für die DIE/DOP-Parameter und für die DIE/DOP-Parameter über den Lichtbedingungen ausgewertet.

Die Auswertung der Akzeptanz innerhalb der Lichtbedingungen wurde mittels einer einfaktoriellen Varianzanalyse (Faktor sind die DIE/DOP-Parameter) durchgeführt. Der Faktor weist dabei vier Ausprägungen (DIE 1, DIE 2, DIE 3 und Referenz) auf. Es zeigen sich signifikante Unterschiede im Post hoc-Test nach Sidak ($\sigma < 0.05$) für die DIE Bedingungen (DIE 1, 2, 3) zur Referenz sowie DIE 2 zu DIE 3.

Durch Nutzung der zweifaktoriellen Varianzanalyse (Faktoren sind die Lichtbedingungen sowie die DIE/DOP-Parameter) wurde die Auswertung der Akzeptanz für DIE/DOP über den Lichtbedingungen durchgeführt. Die Auswertung zeigt signifikante Unterschiede im Greenhouse-Geisser Test ($\sigma < 0.05$), für die Lichtbedingungen und DIE/DOP-Parameter.

Die individuelle Einstellung für Kontrast, Farbe und Helligkeit wurde pro Proband jeweils nur für die Sonne oder Tagbedingung durchgeführt. Die Auswertung der Akzeptanz der DIE/DOP-Parameter gegenüber den individuellen Referenzbedingungen wurde daher mit einer einfaktoriellen Varianzanalyse mit Messwiederholung durchgeführt.

Zusätzlich wurden die freien positiven und negativen Nennungen den DIE/DOP-Parametern und Lichtbedingungen zugeordnet und nach den Attributen Farbe, Erkennbarkeit, Kontrast, Schärfe und Helligkeit gruppiert. Dadurch wird es möglich auch die freien Nennungen in Abhängigkeit der DIE/DOP-Parametern und Lichtbedingungen zu bewerten.

6.9. ERGEBNISSE

In der Auswertung der Vorbefragung hat sich gezeigt, dass die Probanden eine deutliche Beeinflussung der Displays bei Umgebungslicht wahrnehmen. Darüber hinaus sehen sie automatisierte Methoden, um diese Beeinflussung zu verbessern, als wünschenswert. Als häufigste Maßnahme bei Umgebungslicht wurde die Beeinflussung der Sonneneinstrahlung durch Wegdrehen des Displays aus der Sonne genannt. Im Fahrzeug wurden die Einstellmöglichkeiten überwiegend gar nicht genutzt oder lediglich ausprobiert.

Für Video wird durch die Methoden DIE & DOP eine signifikante Verbesserung erzielt. Im Vergleich der DIE-Stufen liegt DIE2, als optimal ausgewählter Level, in allen Lichtsituationen in der Gesamtakzeptanz höher als die Vergleichsstufen DIE1, DIE3 und das Originalbild. Bei der Umgebungslichtbedingung „Nacht" steigt die schon hohe Gesamtakzeptanz des Originalbild um ca. 1.5 Punkte.

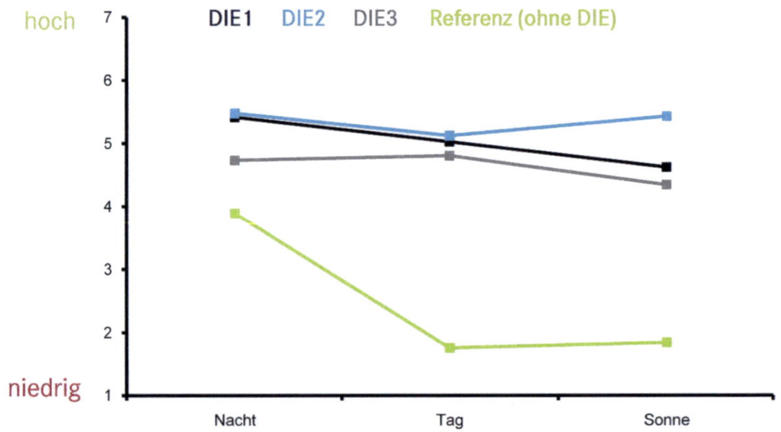

Abbildung 6.6.: Akzeptanz der DIE Parameter über den Lichtbedingungen

Bei Tag und Sonne wird dieser Unterschied größer, zum Original steigt die Gesamtakzeptanz um 3.5 Punkte (Abb. 6.7). Mit den Algorithmen DIE & DOP kann die Gesamtakzeptanz über den Umgebungslichtsituationen konstant

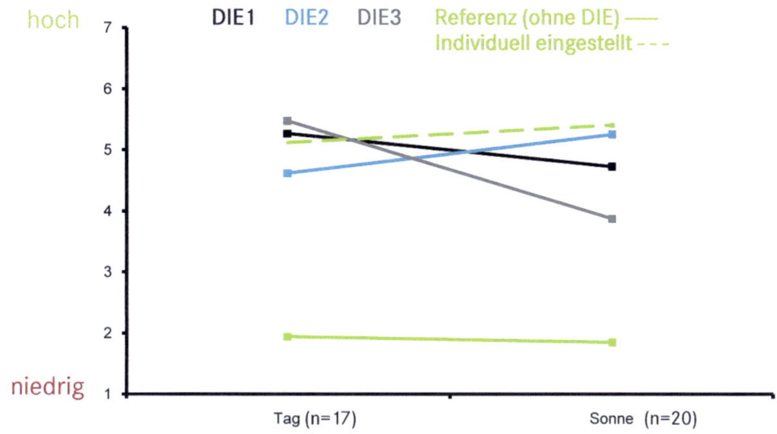

Abbildung 6.7.: Ergebnis DIE im Vergleich zur individuellen Einstellung

gehalten werden. Im Vergleich zu den individuellen Einstellungen (Abb. 6.6) wird eine vergleichbare Akzeptanz erreicht. Die Probanden äußerten jedoch, dass die individuellen Einstellungen nur für die aktuelle Filmszene und Lichtsituation optimal wären, eine dynamische Anpassung wie in den DIE1, DIE2, DIE3 wurde in den freien Nennungen A.12 als wünschenswert bezeichnet.

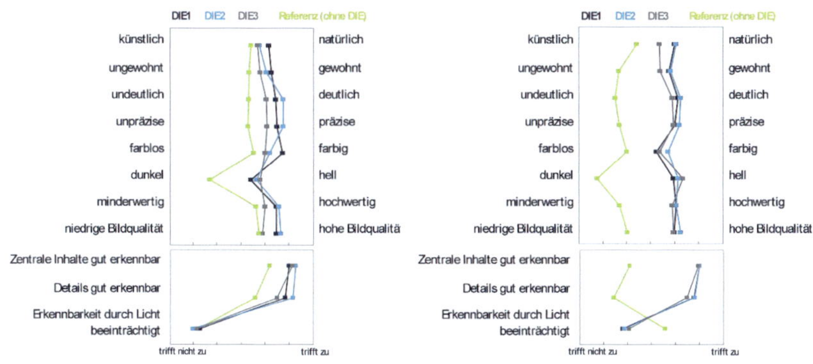

Abbildung 6.8.: Ergebnis für Profil Nacht

Abbildung 6.9.: Ergebnis für Profil Tag

In den Detailergebnissen zeigt sich ebenfalls der Vorteil der DIE/DOP Algorithmen gegenüber dem Originalmaterial. In allen Fragen liegen die DIE/DOP Stufen höher als das Originalbild. Insbesondere in der Beurteilung der Bilder hinsichtlich der Helligkeit (*dunkel* gegenüber *hell*) zeigt sich ein Unterschied. Die Probanden stellten bei Umgebungslicht (Tag & Sonne) insbesondere für die Referenzbedingung eine deutliche Beeinflussung durch Umgebungslicht fest. Die Einstellung DIE2 zeigt bei der Mehrzahl der Punkte Vorteile gegenüber den Einstellungen DIE1, DIE3 und Originalbild. Die Ausnahme bildet auch hier der Punkt Helligkeit (*dunkel* vs. *hell*).

Durch den etwas höheren Level hat die Einstellung DIE3 eine etwas höhere Helligkeit gegenüber DIE2. Im Gegenzug zeigt sich DIE3 in den Bereichen Natürlichkeit, Gewohnheit, Präzision, Hochwertigkeit und Bildqualität schlechter als DIE2, was durch die höhere Wahrscheinlichkeit zu sichtbaren Artefakten zu erklären ist. Bei Nacht zeigt das Ergebnis für die Bewertung der Natürlichkeit und Gewohnheit, dass DIE2 etwas hinter der Einstellung DIE1 liegt.

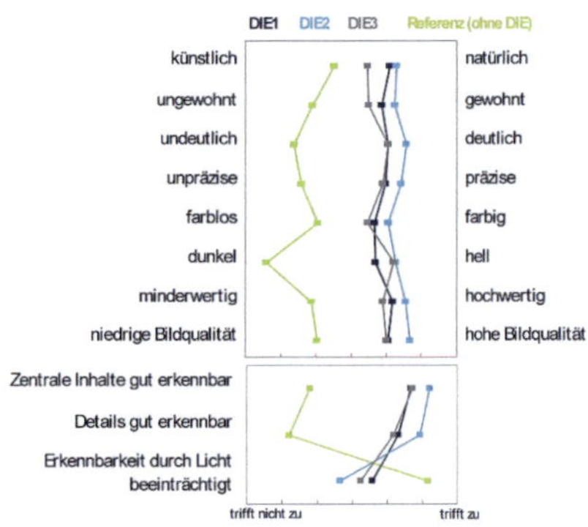

Abbildung 6.10.: Ergebnis für Profil Sonne

Dies deutet darauf hin, dass die Einstellung für DIE2 hinsichtlich der Artefakte gegenüber DIE1 zu hoch gewählt ist. Je nach späterer Zielapplikation sollte an dieser Stelle die Einstellung für die Nacht hinsichtlich des gewählten Levels noch verändert werden.

KAPITEL 7

INTELLIGENTE HINTERLEUCHTUNGSKONZEPTE

Das im Backlight des LC-Displays erzeugte Licht wird durch die vorhanden Komponenten wie beispielsweise Polarisationsfilter, Farbfilter, elektrische Ansteuerung auf dem Glas und weiteren Komponenten um >95% gedämpft.

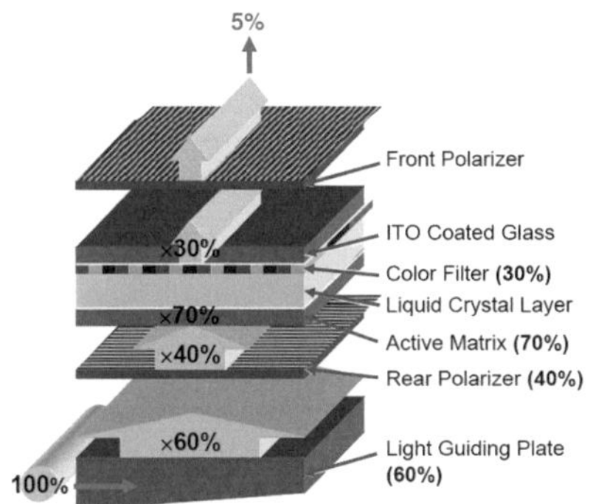

Abbildung 7.1.: Aufschlüsselung der Dämpfung der einzelnen Komponenten in einem LCD-Stack. Quelle: Blankenbach [13]

Im Automobil ist dabei insbesondere die Hitzeentwicklung durch die Verlustleistung kritisch, da hohe Außentemperaturen meist in Verbindung mit hellen Umgebungslichtbedingungen auftreten. Zur Effizienzsteigerung der Lichtnutzung gibt es für LC-Displays einige Ansätze. Beispielsweise können die Spektren der LEDs zur Lichterzeugung und die Farbfilter eines LC-Displays aufeinander abgestimmt [61], [62] oder reflektierende Polarisationsfilter [63] eingesetzt werden. Weiter kann durch eine höhere Transmission des LC-Layers (Vgl. Abb. 7.1 und [64]), einer höheren LED Effizienz und einer bessere Lichteinkopplung der LED in den „Light-Guide" die Gesamteffizienz gesteigert werden [65].

Neben dem geringen Wirkungsgrad wird der Schwarzwert und somit der Kontrast eines Displays durch „light leakage" beeinflusst. Dabei tritt ein geringer Prozentsatz des Licht des Backlights durch die „schwarz" geschalteten Pixel, was insbesondere bei dunklen Umgebungslichtbedingungen wird die

Wertanmutung des Displays verschlechtert. In modernen LCDs erreicht der Kontrast Werte von > 1000 : 1 - für senkrechte Betrachtung. Im Fahrzeug wird das Display im Fall des zentralen Displays vom Fahrer und Beifahrer aus einem Winkel von ca. 30° betrachtet (Vgl. Kapitel 3.1.1). Selbst im Fall, dass das Display vor dem Fahrer als Anzeigeelement für den Tacho genutzt wird, soll es auch für den Beifahrer ablesbar sein.

In diesem Kapitel werden zwei Methoden für LC-Displays diskutiert, die die Effizienz der Lichtnutzung optimieren, den Energieverbrauch minimieren und das optische Erscheinungsbild verbessern. Ziel der Methoden ist dabei die optimierte Intensität der Hinterleuchtung in Abhängigkeit des Inhalts. Dabei wird der angezeigte Inhalt so bearbeitet, dass eine zeit- und ortsabhängige Dimmung des Backlights möglich wird. Neben den positiven Effekten, können durch diese Methoden sichtbare und unsichtbare Bildartefakte entstehen. Ziel für den automotiven Einsatz ist daher, die größtmögliche Energieeinsparung und Schwarzwertverbesserung zu erreichen - ohne das sichtbare Bildartefakte wie beispielsweise Farbveränderungen, Halo-Effekte, Clipping oder Inhomogenität auftreten.

7.1. GLOBAL DIMMING

Flüssigkristalldisplays bestehen aus der Hinterleuchtungsstechnik (Backlight) und einem Lichtmodulator (LC-Schicht) [8]. Das im Backlight erzeugte Licht B wird in Abhängigkeit des Bildinhalts I in der LC-Schicht moduliert. Der Betrachter nimmt dann die Überlagerung von Backlightintensität B und Bildinhalt I war. Das Prinzip von Global Dimming besteht in der Aufhellung des Bildinhalts $I \rightarrow I^*$ zum Beispiel durch Multiplikation mit einem Streckungsfaktor S und der korrespondierenden Abdunkelung der Backlightintensität $B \rightarrow B^*$ (Abb. 7.2), mit I^*, B^*:

$$I^* = S \cdot I \qquad (7.1)$$

$$B^* = \frac{B}{S^\gamma} \qquad (7.2)$$

Durch die Gamma-Anpassung [26] wird bei einer Streckung des Bildes die Helligkeit um den Faktor S^γ gesteigert, so dass die Backlighthelligkeit für den gleichen Bildeindruck ebenfalls um den Faktor S^γ reduziert werden muss. Die Methode Global Dimming ermöglicht, je nach angezeigtem Bildinhalt und verwendeter Methode, durchschnittlich zwischen 30-50% Energieeinsparung [43], [66] erreicht werden. Als Herausforderung werden in der Literatur

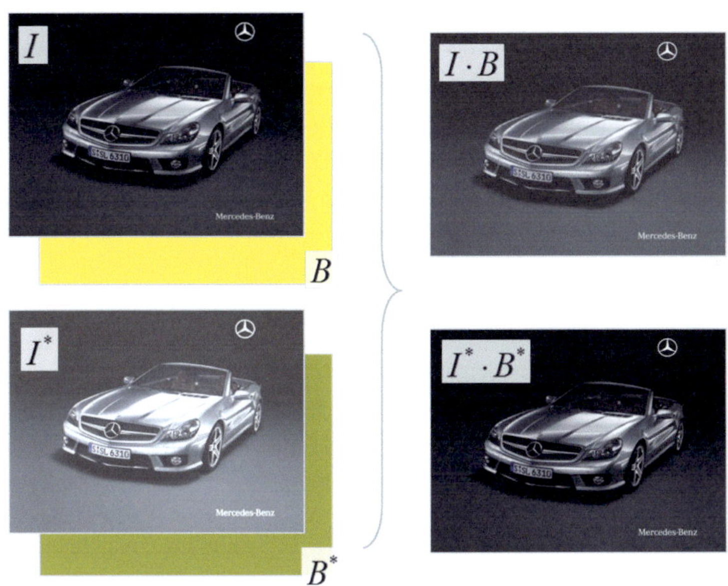

Abbildung 7.2.: Prinzip von Global Dimming. Links-oben: Originalbild I wird mit $B = 100\%$ Backlight hinterleuchtet, links-unten: Aufgehelltes Bild I^* wird mit angepasster Backlighthelligkeit B^* hinterleuchtet. Rechts: Verbesserung des wahrgenommenen Schwarzwerts bei Global Dimming (unten) im Vergleich zum Originalbild. Bildquelle: [2]

die möglichen Artefakte durch die Bildaufhellung diskutiert. Lai et al. [67] schlägt zur Reduktion der sichtbaren Artefakte einen „Roll-Off" in der Streckung der hellen Grauwerte vor, dabei werden helle Graustufen teilweise in die Sättigung verschoben und teilweise komprimiert. Die „Roll-Off" Methode wird durch Kwon et al. [66] vereinfacht. Kwon et al. schlägt zusätzlich noch einen Korrekturfaktor vor, um Bilder mit hohem Dynamikumfang besser darzustellen. In der Methode von Kang et al. [43] wird mittels eines konstanten PSNR Wertes ein dynamisches Clipping erzielt, womit eine signifikante Qualitätssteigerung gegenüber der statischen Dimming Methode von Kerofsky et.al [68] und der Methode von Chang et al. [69] mit statischer Clipping Rate erreicht wird. Die genannten Methoden steigern die Bildqualität, haben aber nicht unbedingt einen direkten Bezug zur subjektiven Bewertung der Artefakte durch den Betrachter [44]. Wie in den Kapiteln 5.2 und 6 diskutiert, hat kann durch DIE eine optimale Helligkeitssteigerung hinsichtlich der subjektiven Artefakte auf einem automobilen Display erreicht werden.

Mit der Nutzung des DIE Algorithmus ist es somit möglich eine hohe Energieeinsparung zu erreichen, bei gleichzeitig geringer Wahrnehmbarkeit der Artefakte. Weiter kann durch den einstellbaren DIE-Level α ein Kompromiss zwischen Energieeinsparung und Bildqualität ausgewählt werden. In den in dieser Arbeit durchgeführten Untersuchungen wurde ein Displaysystem mit einem Global Dimming Backlight (GDB) aufgebaut [70]. Das Displaysystem mit GDB ermöglicht eine framesychron einstellbare Backlightintensität mit einer linearen Heligkeitsauflösung von 8Bit. Bei der Betrachtung dieses Prototyps hat sich gezeigt, dass bei direkter Anwendung von DIE und äquivalenter Dimmung des Backlights zwei sichtbare, störende Bildartefakte auftreten:

- sichtbares Bildflackern bei dunklen Szenen
- flauer Bildeindruck bei Bildern mit hohem Dynamikbereich

Das sichtbare Bildflackern ist im Fall von Global Dimming auf die Sichtbarkeit von relativen Leuchtdichteunterschieden $\Delta L/L$ zurückzuführen (vgl. Weber'sches Gesetzt [36]). Bei einem maximalen Streckungsfaktor von $S = 5$ wird das Backlight auf $B^* = \frac{B}{S^\gamma}$ reduziert, was für $\gamma = 2.2$ einer Backlightintensität von 2.9% des ursprünglichen Werts entspricht. Dies hat zur Folge, dass der relative Unterschied $\Delta L/L$ zwischen den Stufen der Backlighthelligkeit deutlicher sichtbar wird, wie in Abbildung 7.3 für verschiedene Backlightauflösungen $\Delta L/L$ 8 Bit linear, $\Delta L/L$ 10 Bit linear und $\Delta L/L$ 8 Bit nichtlinear im Vergleich zur Wahrnehmungsschwelle für $\Delta L/L$ dargestellt. Der Anstieg des relative Unterschieds $\Delta L/L$ bei geringen Leuchtdichten führt dazu, dass die Unterschiede zwischen den Backlightstufen wahrgenommen werden können, was dann als Flickern sichtbar ist, wenn zeitlich zwischen den Backlightstufen hin- und hergeschaltet wird.

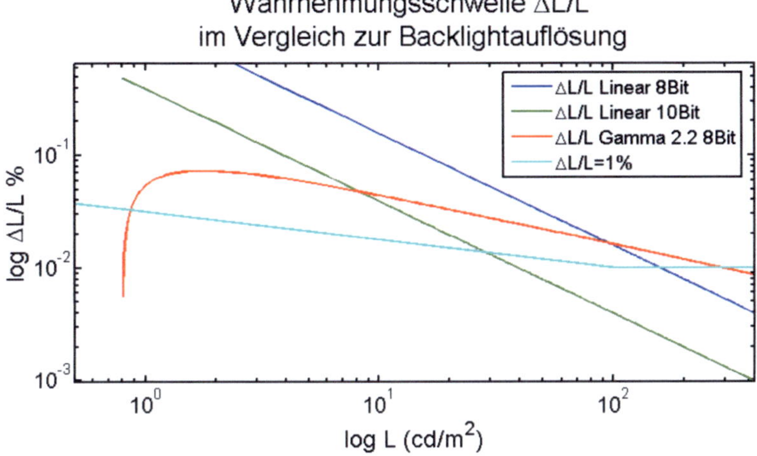

Abbildung 7.3.: Vergleich der Wahrnehmungsschwelle $\Delta L/L$ aus Röhler [36] über dem Leuchtdichteeinfluss L. Bei geringen Displayhelligkeiten liegt Variation bei linearen Backlightauflösungen (blaue, grüne Kurven) deutlich oberhalb der Wahrnehmungsschwelle. Beispieldisplay mit $L_w = 400cd/m^2$.

Neben der Erhöhung oder nichtlineare Stufen in der Backlightauflösung, was erhöhte Hardwarekosten mit sich bringt, kann durch eine Limitierung des Streckungsfaktors vermieden werden, dass der kritischen, geringe Bereich der Leuchtdichte L erreicht wird. Damit kann der mögliche relative Unterschied $\Delta L/L$ in einem unsichtbaren Bereich gehalten werden.

Wie durch Kwon et al. [66] beschrieben, tritt bei Bildern mit hohem Dynamikbereich ein flauer Bildeindruck auf, was auch in dieser Arbeit beobachtet wurde. Dies passiert, wenn der reale Helligkeitsgewinn S_R durch die Streckung geringer ist als der Streckungsfaktor S selbst $S_R \leq S$ mit S_R:

$$S_R = \frac{\bar{I}^*}{\bar{I}} \tag{7.3}$$

Bei Bildern mit hohem Dynamikbereich tritt dies auf, wenn der übermäßige Teil des prozentualen Verlusts maßgeblich einen hellen Bildbereich betrifft (Abb. 7.4, links). Zur Reduktion des flauen Bildeindrucks, wurde in dieser Arbeit die Backlighthelligkeit um den Faktor der realen Bildhelligkeitssteigerung S_R reduziert. Dadurch konnte wie in Abbildung 7.4 (rechts) dargestellt die Brillanz des hellen Bildinhalts erhalten werden. Durch die Anwendung

Abbildung 7.4.: Vergleich des Bildeindrucks durch Global Dimming. **1**: Originalbild, Bildquelle: [71], **2**: Gestrecktes Bild mit DIE und Dimming mit $B^* = \frac{B}{S^\gamma}$, **3**: Gestrecktes Bild mit DIE und Dimming mit $B_R^* = \frac{B}{S_R^\gamma}$

von Global Dimming wird die Backlighthelligkeit in Abhängigkeit der Bearbeitungsmöglichkeiten des Bildinhalts reduziert. Dadurch verringert sich der Energieverbrauch und der Schwarzwert wird insbesondere bei dunklen Bildern reduziert. Bei dunklen Bildern ist ein geringer Schwarzwert im Vergleich zu hellen Bildern wichtiger, da durch den geringeren Dynamikumfang der Schwarzwert deutlicher zu erkennen ist. In Fall der Nutzung von DIE zur Steigerung der Bildhelligkeit und Reduktion der Backlightintensität in Abhängigkeit der realen Helligkeitssteigerung des Bildmaterials S_R wird der Schwarzwert und der Energieverbrauch durchschnittlich um 35% (Grundlage IEC62087 Video, Abb. 7.5) reduziert. Durch Maßnahmen zur Artefaktreduktion, zum Einen der Limitierung des Streckungsfaktors und zum Anderen der angepassten Dimmung des Backlights in Abhängigkeit S_R, kann zusätzlich zur Energieeinsparung mit robusten und kostengünstigen Methoden eine hohe Bildqualität erreicht werden.

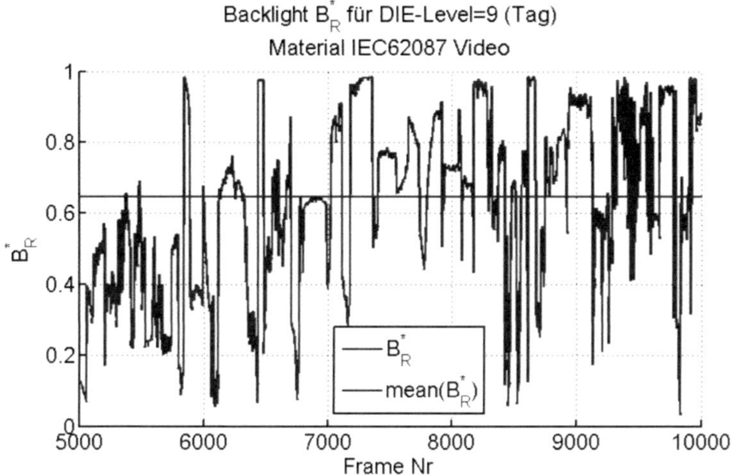

Abbildung 7.5.: Dynamische Backlighthelligkeit durch Global Dimming (IEC62087 Video). Die durchschnittliche Energieeinsparung beträgt 35%.

7.2. Local Dimming

Für Videodarstellungen ist es möglich mit der globalen Anpassung von Bildmaterial und Hinterleuchtung den dynamischen Schwarzwert zu verbessern. Im Gegensatz zu Video wird bei kontrastoptimierten Menüdarstellungen der Dynamikbereich global maximal genutzt, sodass Global Dimming nur bedingt wirksam ist. In diesem Fall sind zur Steigerung der Qualität (Kontrast- bzw. Schwarzwertverbesserung) und Energieeinsparung lokale Anpassungen im Backlight und Bildmaterial notwendig.

Local Dimming funktioniert prinzipiell ähnlich wie Global Dimming, nur dass die Backlighthelligkeit und das Bildmaterial entsprechend lokal angepasst werden. Dadurch wird, wie in Bild 7.6 schematisch dargestellt, der Schwarzwert, Kontrast und Energieverbrauch lokal verbessert. Lokal Dimming findet heute schon Einsatz in Consumer Electronic Geräten. Beispielsweise nutzt Philips [72] eine 2D LED-Matrix (Vgl. Bild 7.6) als „Direkt-Lit" Konfiguration um das Licht lokal im Backlight zu erzeugen. Im automotiven Fall würde eine „Direkt-Lit" Konfiguration Package Probleme verursachen, da um eine

Abbildung 7.6.: Prinzipdarstellung Local Dimming. Links: Konventionelle Backlight und Bild mit simuliertem angehobenen Schwarzwert, Rechts: Bessere Kontraste und Schwarzwert durch lokale Dimmung. Unten: Korrespondierendes Backlight (schematisch), Bildquelle: [2]

homogene Lichtverteilung zu erzeugen eine typische Dicke von 30mm [73] des Backlights erforderlich ist.

Die Methoden von Hulze et al. [73] und Albrecht et al. [74], [75] ermöglicht den Einsatz eines lokal dimmbaren „Edge Lit" Backlights. Im Ansatz von Albrecht et al. [74] wird nicht wie sonst üblich, von einer gegebenen Backlightstruktur ausgegangen, sondern, auf Basis einer beliebigen Leuchtdichteverteilung der lokalen Backlightsegmente, in einem rekursiven Algorithmus das maximale Dimming der lokalen Segmente in Abhängigkeit des Bildmaterials ermittelt. Im automotiven Umfeld liefert die Verwendung des „Edge-Lit" Backlights einen entscheidenden Packaging Vorteil. Weiter muss die Hardwarekonfiguration des automotiven Displays muss für den Einsatz von Local Dimming nur geringfügig in der Elektronik verändert werden, um die einzelnen Backlightsegmente (LEDs) getrennt anzusteuern.

Im Fahrzeug ist neben hoher Energieeinsparung und Schwarzwertverbesserung eine optimale Integration wichtig. Eine optimale Integration wird dann erreicht, wenn der Übergang zwischen Display und Armaturenbrett nicht sichtbar ist. Durch eine Zielvorgabe mittels eines „Correlators" [76] können dunklere Ränder erzielt werden. Dies ist vor allem dann gut möglich und nötig, wenn das Bildmaterial am Rand sehr dunkel ist, da die menschliche visuelle Wahrnehmung bei dunklen Bildinhalten sensitiv auf den Schwarzwert wirkt.

Die Methode von Albrecht et al. [74], [75] und [76] bietet hinsichtlich Integration, Schwarzwertverbesserung, Energieverbrauch und Wärmemanagement ein großes Potential. Aber auch hier sind Bildartefakte möglich (Abb. 7.7). Dazu

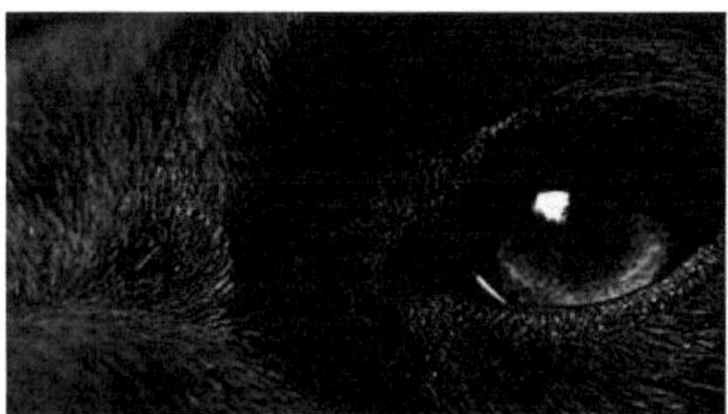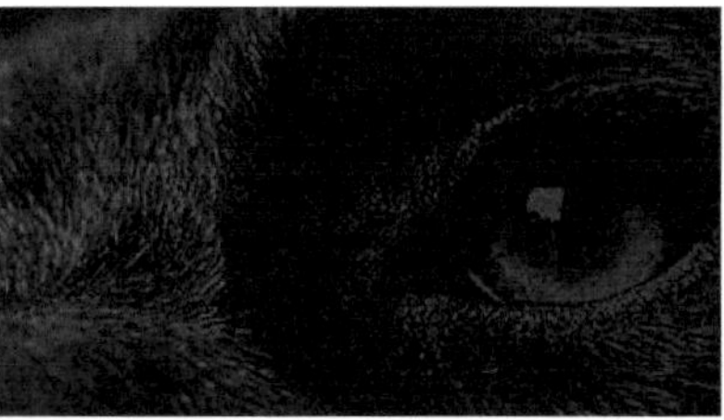

Abbildung 7.7.: Beispiel für Artefakte durch Local Dimming, links: Clipping Free Mode, rechts: Maximum Power Saving, aus Albrecht et al. [74].

gehören statische und bewegliche „Halo"-Effekte [77], [78], Clipping Artefakte [79], Brillanzreduktion, Farbveränderungen und lokale sowie globale Inhomogenität. Die Local Dimming Methode von Albrecht et al. kann verlustfrei, d.h. ohne Artefakte angewandt werden [80], jedoch sind dann die genannten positiven Effekte, wie die Energieeinsparung oder Schwarzwertverbesserung ebenfalls reduziert.

Die Qualität eines Displays wird vom Betrachter als Ganzes wahrgenommen, d.h. der Betrachter beurteilt bewusst oder unbewusst die Integration, Farbwiedergabe, Kontrast und den dargestellten Inhalt in Kombination [12]. Dies bedeutet wenn der Inhalt Fehler aufweist, ergibt sich im Auge des Betrachters eine Qualitätsverschlechterung des gesamten Displays. Aus diesem Grund wurden in dieser Arbeit Kriterien erarbeitet um definierte Qualitätsanforderungen für Local Dimming zu beschreiben. Diese Qualitätsanforderungen lassen sich in vier Bewertungsmetriken zusammenfassen:

- Clipping Rate c_L
- globale Inhomogenität $\mathcal{R}$

- Farbunterschied $\Delta\tilde{\mathcal{E}}_{i,j}$ eines Originalen Pixels $\vec{z}_{i,j}$ und gedimmten Pixel $\vec{p}_{i,j}$
- Farbunterschied $\Delta\acute{\mathcal{U}}_{m,n}$ innerhalb einer homogenen Fläche $\mathcal{U}_{m,n}$ im Bildinhalt

mit $i, j \in \mathcal{Q}, m, n \in \mathcal{Q}, \mathcal{Q} = X \cdot Y$ und X: horizontale, Y vertikale Displayauflösung.

Clipping Rate

Das „Abschneiden" bzw. „Clippen" der hellen Pixel kann durch die relative Anzahl im Bezug zur Displayauflösung $\mathcal{Q}$ bewertet werden (Vgl. Abs. 5.2.5). Als geclipptes Pixel zählt, wenn die originale Helligkeit trotz Kompensation der Helligkeit des Pixels nicht mehr erreicht wird. Eine Kompensation der Helligkeit ist dann nicht mehr möglich, wenn die maximale Graustufe im kompensierten Bild $t_{i,j}$ erreicht ist. Zusätzlich ist die Backlighthelligkeit $b_{i,j}$ durch lokales Dimming geringer als die ursprüngliche Backlighthelligkeit $q_{i,j}$.

$$c_{i,j} \geq \begin{cases} 1; & wenn\ (t_{i,j} = 2^W - 1)\ und\ (b_{i,j} < q_{i,j}) \\ 0; & sonst \end{cases} \tag{7.4}$$

Die Clipping Rate ergibt sich damit zu (Vgl. Abs. 5.2.5):

$$c_L = \frac{\sum_i \sum_j c_{i,j}}{\mathcal{Q}} \tag{7.5}$$

Globale Inhomogenität

Das Auge kann nur bis zu einer Grenze in Abhängigkeit der Amplitude und zeitliche bzw. räumliche Frequenz Änderungen wahrnehmen. Über das gesamte Display kann daher die Helligkeit variieren, ohne dass dies vom Betrachter wahrgenommen wird. Für die Metrik wird des Originalbild als homogen angesehen. Für den Leuchtdichteunterschied wird von den Farbwerten der Pixel $\vec{z}_{i,j}$ und $\vec{p}_{i,j}$ nur der Leuchtdichteanteil betrachtet. Der wahrgenommene Leuchtdichteunterschied wird relativ zur mittleren Leuchtdichte des aktuellen Inhalts betrachtet:

$$\mathcal{R} = \left(\frac{max(\vec{z}_{i,j} - \vec{p}_{i,j}) - min(\vec{z}_{i,j} - \vec{p}_{i,j})}{mean(\vec{p}_{i,j})} \right) \cdot 100\% \tag{7.6}$$

Farbunterschied

Ändert sich die Farbe oder Helligkeit eines Pixels durch lokales Dimming so kann es zu sichtbaren Farbverfälschungen oder lokalen Inhomogenität kommen. Im L*,u*,v* Farbraum [27] ist der Farbabstand $\Delta E_{u,v}^*$ als euklidischer Abstand zwischen zwei Farben definiert. Die Farbänderung durch das Dimming kann in erster Näherung[1] mit dem Farbabstand $\Delta E_{u,v}^*$ zwischen dem originalen Pixel $\vec{z}_{i,j}$ und dem gedimmten Pixel $\vec{p}_{i,j}$ berechnet werden.

$$\Delta \tilde{\mathcal{E}}_{i,j} = \Delta E_{u,v}^*(\vec{z}_{i,j}; \vec{p}_{i,j}) \tag{7.7}$$

Die Sensitivität der visuellen Wahrnehmung ist dann gesteigert, wenn das Umfeld homogen ist [32], d.h. ist in einem Bild eine homogene Fläche vorhanden, so fallen kleinste Farb- und Helligkeitsunterschiede besonders auf. Für eine homogene Fläche $\mathcal{U}$ muss daher der Grenzwert differenzierter beschrieben werden. Für ein Pixel m, n innerhalb einer homogenen Fläche $\mathcal{U}$ ist der maximale Farbabstand daher getrennt gegeben:

$$\Delta \acute{\mathcal{U}}_{m,n} = max \left\{ \Delta E_{u,v}^*(\mathcal{U}_{m,n}; \mathcal{U}_{m\pm1,n\pm1}) \right\} \tag{7.8}$$

---

[1] Das CIE-LUV-System ist für perzeptive Farbabstände in erster Näherung gleichabständig, für genauere Berechnungen können beispielsweise im DIN99-Farbraum durchgeführt werden. Jedoch basieren diese Farbräume ebenfalls auf Probandentests, d.h. auch hier wird eine Mittelung über viele Probanden durchgeführt.

7.2.1. DISKUSSION

Die in dieser Arbeit vorgestellten Metriken sind teilweise überlappend, d.h. durch die eine Metrik wird etwas beschrieben was ggf. auch durch eine andere Metrik abgedeckt wird. Über den Farbunterschied $\Delta\tilde{\mathcal{E}}_{i,j}$ kann per entsprechendem Grenzwert sichergestellt werden, dass das lokal gedimmte Bild sich visuell nicht sichtbar vom Original unterscheidet. Weiterhin können innerhalb von homogenen Flächen die Farbunterschiede $\Delta\mathcal{U}_{m,n}$ strenger spezifiziert werden um sichtbare Bildartefakte zu minimieren. Für den Schwarzwert muss eine Änderung zugelassen werden, um die gewünschte Verbesserung zu ermöglichen. Weiter ist die Effizienz von Local Dimming enorm von der möglichen „Clipping"-Rate abhängig, weshalb die „Clipping"-Rate gesondert spezifiziert wurde und somit eine optimale Kontrolle über den Kompromiss zwischen Bildqualität und mögliche Energieeinsparung erlaubt. Werden per $\Delta\tilde{\mathcal{E}}_{i,j}$ von Pixel zu Pixel unsichtbare Änderungen zugelassen so kann es vorkommen, dass sich durch die Akkumulation der unsichtbaren Änderungen eine globale Inhomogenität ergibt. Dies kann über die Einhaltung einer Spezifizierten maximal zulässigen globalen Inhomogenität verhindert werden.

Für den Einsatz im Auto müssen für die unterschiedlichen Umgebungslicht- und Temperaturbedingungen angepasste Grenzwerte für die Metriken verwendet werden. Daraus ergeben sich folgende Modi:

- Nacht
- Tag
- Wärmereduktion
- Artefaktfrei

Für die unterschiedlichen Modi kann dann auf die Besonderheiten der Wahrnehmung bei unterschiedlichen Umgebungslichtbedingungen eingegangen oder bei kritischen Temperaturbedingungen das Wärmemanagement verbessert werden. Zur Steigerung der Robustheit kann im Fehlerfall lokal Dimming ausgeschaltet oder der Artefaktfreie Modus verwendet werden.

KAPITEL 8

ZUSAMMENFASSUNG

Die Heraus- und Anforderungen an Displays im Automobil öffnen ein großes Spannungsfeld, welches Kompromisse und neue Ideen erfordert, um erfolgreich umgesetzt zu werden.

Beginnend mit der Messung der visuellen Wahrnehmungssituation bei wechselnden Umgebungslichtbedingungen wurde eine Möglichkeit aufgezeigt, die es mittels Simulationsmodellen ermöglicht, die Wahrnehmung von Displays im Automobil bei Umgebungslicht sichtbar zu machen.

Auf Basis dieser Wahrnehmungsmodelle wurde ein Regelungsalgorithmus für die Displayhelligkeit vorgestellt. Im Gegensatz zur herkömmlichen Lösung kann das Display in Abhängigkeit der Wahrnehmungssituation optimal in der Helligkeit eingestellt werden. Dadurch ist das Display immer genau so hell, dass es dem Fahrer eine optimale Ablesbarkeit bietet, bei gleichzeitig geringstmöglichem Energieverbrauch.

Die Helligkeitsregelung kommt vor allem bei kontrastarmen Darstellungen, wie Video, schnell an ihre Grenzen. Hierfür wurden mit DIE & DOP sowie HMI-Enhancement Lösungen vorgestellt und untersucht. Dabei sind die Methoden DIE & DOP angepasst an die Herausforderungen im automotiven Bereich hinsichtlich Displaygröße und Lichtbedingungen. Der Kontrast kann durch DIE & DOP um den Faktor $S_f = 1.9$ gesteigert sowie ein Benchmarkfaktor $B_0 = 3.2$ (Testmaterial IEC62087 [59]) zum Vergleich mit anderen Methoden erreicht werden. Wichtig für den Einsatz der Methoden im Fahrzeug ist eine hohe Videoqualität. In einem Probandenversuch wurde die Akzeptanz der Methoden DIE & DOP nachgewiesen und die optimale Parameterkonfiguration ermittelt. Gegenüber der heutigen Lösung ist die Akzeptanz von Videoanwendungen bei Umgebungslicht deutlich gesteigert. Mit umgebungslichtabhängigen Parametern kann die Wertanmutung auch bei kritischen Umgebungslichtbedingungen auf sehr hohem Niveau konstant gehalten werden.

Für Menüdarstellungen wurden ebenfalls Methoden präsentiert, um die Einflüsse durch Umgebungslicht zu verringern und damit Ablesbarkeit und Wertanmutung zu verbessern. Insgesamt wurden drei Algorithmen vorgestellt und untersucht, welche in Kombination oder singulär verwendet werden können. Eine Expertenevaluation hat gezeigt, dass Umgebungslichteinflüsse reduziert werden und insbesondere Details und wichtige Inhalte deutlicher erkennbar werden.

Das Spannungsfeld von Displays im Fahrzeug wird in Zukunft vor allem durch die Verbreitung von Elektrofahrzeugen eine Verschiebung hin zu mehr Energieeffizienz erfahren. Durch die vorgestellten Methoden kann für LC-Displays die Hinterleuchtung in Abhängigkeit des Inhalts - zeitlich und örtlich - optimiert und so der Energieverbrauch wirksam gesenkt werden. Beispielsweise sind bei Videoanwendungen, bei hoher Videoqualität, Einsparungen von durchschnittlich 30-50% möglich. Neben der Energieeinsparung steigen durch neue Produkte in der Consumer Elektronik die Erwartungen der Kunden hinsichtlich der Displayqualität ständig. Durch lokale, inhaltsabhängige Absenkung der Hinterleuchtung kann der Schwarzwert und damit die wahrgenommene Qualität vor allem in der Nacht in erheblichem Maße gesteigert werden.

Die Ergebnisse dieser Arbeit können als Grundlage für zukünftige Entwicklungen der Displays im Fahrzeug verwendet werden. Von Vorteil ist dabei, dass die einzelnen Methoden nach und nach umgesetzt werden können. Damit kann der Entwicklungsaufwand reduziert und stetige Innovationen erreicht werden. Die Ergebnisse liefern wichtige Erkenntnisse, wie der Energieverbrauch, die Wertanmutung und die Ablesbarkeit von Displays im Fahrzeug verbessert werden können. Viele der Vorteile wirken sich dabei auf mehrere Bereiche aus. So werden beispielsweise durch den geringeren Energiebedarf kleinere Kühlkörper möglich, wodurch Kosten und Gewicht eingespart werden können. Oder durch die Verbesserung des Schwarzwerts wird eine bessere Integration möglich, wodurch die Qualität des Innenraums angehoben wird.

LITERATURVERZEICHNIS

[1] H. Sinkwitz, "The importance of displays for mercedes-benz design in the vehicle interior," *SID-ME Chapter Fall Meeting, Automotive Displays*, 09 2010.

[2] Daimler AG, "Global media site." Website, 2012. Online Verfügbar: media.daimler.com; abgerufen 20. März 2012.

[3] Warner Brothers Pictures Inc., "Harry potter." Film, 2001-2011.

[4] ISO, "Road vehicles - ergonomic aspects of transport information and control systems - specifications and test procedures for in-vehicle visual presentation." DIN EN ISO 15008, 2011.

[5] SAE International, "Standard metrology for vehicular displays." SAE J 1757/1, 2007.

[6] B. Straub, "Display applications in the automotive industry," *Eurodisplays, International Display Research Conference*, vol. XXXI, 2011.

[7] DIN-Norm, "Sicherheit von maschinen - ergonomische anforderungen an die gestaltung von anzeigen und stellteilen-teil 2: Anzeigen." DIN-EN894-2, 2008.

[8] R. L. Myers, *Display Interfaces: Fundamentals and Standards*. Wiley Series in Display Technology, John Wiley & Sons, 2003.

[9] K.-H. Blankenbach, "Multimedia-displays – von der physik zur technik," *Physikalische Blätter*, vol. 55, pp. 33–38, 1999.

[10] L. W. MacDonald and A. Lowe, *Display systems: design and applications*. Wiley SID series in display technology, Wiley, 1997.

[11] VESA, "Flat panel display measurements." VESA-Norm, 2005.

[12] J. Bauer, M. Kreuzer, T. Ganz, B. Straub, H. Enigk, and N. Boemak, "New ways from visual perception and human contrast sensation to better readable displays in automotive environments.," *Electronic Displays Conference*, 2010.

[13] K.-H. Blankenbach, "Elektronische displays – grundlagen - eigenschaften - ausführungen," 2012.

[14] K. Devlin, A. Chalmers, and E. Reinhard, "Visual calibration and correction for ambient illumination," *ACM Transactions on Applied Perception*, vol. 3, pp. 429–452, October 2006.

[15] R. Haak, M. J. Wicht, M. Hellmich, G. Nowak, and M. J. Noack, "Influence of room lighting on grey-scale perception with a crt-and a tft monitor display.," *Dento maxillo facial radiology*, vol. 31, no. 3, pp. 193–197, 2002.

[16] D. S. Lebedev, G. I. Rozhkova, V. A. Bastakov, C. Y. Kim, and S. D. Lee, "Local contrast enhancement for improving screen images exposed to intensive external light," *GraphiCon, 19th International Conference on Computer Graphics and Vision*, 2009.

[17] R. Mantiuk, S. Daly, and L. Kerofsky, "Display adaptive tone mapping," *ACM Transactions on Graphics*, vol. 27, no. 3, p. 1, 2008.

[18] N. Gebhardt, "Einige brdf modelle," *irrlicht3d*, 2003.

[19] J. J. Vos and T. J. T. P. van den Berg, "Report on disability glare," *CIE collection*, vol. 135, pp. 1–9, 1999.

[20] J. Besharse, D. Dartt, and R. Dana, *Encyclopedia of the Eye*. No. 4 in Encyclopedia of the Eye, Elsevier/Academic Press, 2010.

[21] L. L. Holladay, "The fundamentals of glare and visibility," *Journal of the Optical Society of America*, vol. 12, no. 4, pp. 271–319, 1926.

[22] W. S. Stiles, "The scattering theory of the effect of glare on the brightness difference threshold," *Proceedings of the Royal Society B Biological Sciences*, vol. 105, no. 735, pp. 131–146, 1929.

[23] J. K. IJspeert, P. W. de Waard, T. J. van den Berg, and P. T. de Jong, "The intraocular straylight function in 129 healthy volunteers; dependence on angle, age and pigmentation.," *Vision research*, vol. 30, pp. 699–707, Jan. 1990.

[24] M. Jentsch, "Konzeption und aufbau eines messplatzes zur bewertung von automotive-anzeigen.." Bachelor Thesis, Hochschule Pforzheim, 2008.

[25] T. Q. Khahn and S. C, "Forschung und innovation für eine energieeffiziente und physiologieorientierte verkehrs- und kfz-lichttechnik," *Licht 2008, Ilmenau*, 2008.

[26] C. Poynton, "The rehabilitation of gamma," *Proceedings of SPIE*, vol. 1998, pp. 232–249, 1998.

[27] G. Wyszecki and W. S. Stiles, *Color Science: Concepts and Methods, Quantitative Data and Formulas*, vol. 8. John Wiley & Sons, 1982.

[28] ITU, "Recommendation bt.709-5." ITU-Norm, 04 2002.

[29] University of Southern California, "Girl (lena, or lenna)." Website, 1972. Online Verfügbar: http://sipi.usc.edu/database/download.php?vol= misc&img=4.2.04; abgerufen 20. März 2012.

[30] H. C. Lee, *Introduction to Color Imaging Science*. Cambridge University Press, 2005.

[31] N. Moroney, M. D. Fairchild, R. G. Hunt, C. Li, M. R. Luo, and T. Newman, *The CIECAM02 Color Appearance Model*, vol. 10, pp. 23–27. Citeseer, 2002.

[32] J. Kuang, G. Johnson, and M. Fairchild, "icam06: A refined image appearance model for hdr image rendering," *Journal of Visual Communication and Image Representation*, vol. 18, no. 5, pp. 406–414, 2007.

[33] R. Mantiuk, A. G. Rempel, and W. Heidrich, "Display considerations for night and low illumination viewing," *Proceedings of the 6th Symposium on Applied Perception in Graphics and Visualization*, vol. 1, no. 212, p. 53, 2009.

[34] M. Jung, "Entwicklung eines dual-sensor-konzeptes zur optimalen dimmung von displays im fahrzeug unter berücksichtigung von auflicht- und blendungseffekten." Master Thesis, Hochschule Pforzheim, 2011.

[35] D. H. Kelly, "Visual response to time-dependent stimuli. i. amplitude sensitivity measurements.," *Journal of the Optical Society of America*, vol. 51, no. 4, pp. 422–429, 1961.

[36] R. Röhler, *Sehen und Erkennen: Psychophysik des Gesichtssinnes*. Springer, 1995.

[37] Sony, "Bravia engine." Website, 2012. Online Verfügbar: http://www.sony.de/hub/lcd-fernseher/neueste/nx-hx/article/ id/1237476235677; abgerufen 19. März 2012.

[38] Daimler AG, "Daimler ag website." Website, 2012. Online Verfügbar: www.daimler.com; abgerufen 25. May 2012.

[39] C. Ware, *Information Visualization: Perception for Design*. Morgan Kaufmann, 2004.

[40] S. S. Al-amri, N. V. Kalyankar, and S. D. Khamitkar, "Linear and nonlinear contrast enhancement image," *Journal of Computer Science*, vol. 10, no. 2, pp. 139–143, 2010.

[41] New Line Cinema, "Herr der ringe." Film, 2001-2003.

[42] J. Bauer, "Entwicklung und implementierung eines kompensations algorithmus zur verbesserung der umgebungslichtabhängigen kontrastreduktion an grafikanzeigen im fahrzeug." Master Thesis, Hochschule Pforzheim, 2009.

[43] S. Kang, H. Ahn, H. Hong, E. Oh, I. Chung, and Y. H. Kim, "67.3: Low power liquid crystal displays using an image integrity-based backlight dimming algorithm proposed backlight dimming method," *Science*, pp. 1005–1008, 2010.

[44] Z. Wang and A. C. Bovik, "Mean squared error: Love it or leave it? a new look at signal fidelity measures," *IEEE Signal Processing Magazine*, vol. 26, no. 1, pp. 98–117, 2009.

[45] Z. Wang, A. C. Bovik, H. R. Sheikh, and E. P. Simoncelli, "Image quality assessment: from error visibility to structural similarity.," *IEEE Transactions on Image Processing*, vol. 13, no. 4, pp. 600–612, 2004.

[46] Z. Wang, H. R. Sheikh, and A. C. Bovik, "Objective video quality assessment," *Most*, vol. 45, no. September, pp. 1041–1078, 2003.

[47] S. Daly, "The visible differences predictor: an algorithm for the assessment of image fidelity," *Proceedings of SPIE*, vol. 1666, no. 1992, pp. 179–206, 1993.

[48] Unknown, "Bild harry potter bridge." Website, 2012. Online Verfügbar: http://www.hdwallpapers.in/harry_potter_bridge-wallpapers. html; abgerufen 20. März 2012.

[49] Blue Sky Studios, "Ice age." Film, 2002.

[50] H. De Lange Dzn, "Research into the dynamic nature of the human fovea-cortex systems with intermittent and modulated light. i. attenuation characteristics with white and colored light.," *Journal of the Optical Society of America*, vol. 48, no. 11, p. 777, 1958.

[51] J. Chen, W. Cranton, G. Raupp, and M. Fihn, *Handbook of Visual Display Technology*. Springer, 2011.

[52] R. L. Kashyap, "Video scene change detection method using unsupervised segmentation and object tracking," *IEEE International Conference on Multimedia and Expo*, vol. 00, no. C, pp. 56–59, 2001.

[53] A. Dimou, O. Nemethova, and M. Rupp, "Scene change detection for h.264 using dynamic threshold techniques," *Proceedings of the 5th EURASIP Conference on Speech and Image Processing, Multimedia Communications and Service*, 2005.

[54] S.-W. Lee, Y.-M. Kim, and S. W. Choi, "Fast scene change detection using direct feature extraction from mpeg compressed videos," *IEEE Transactions on Multimedia*, vol. 2, no. 4, pp. 174–177, 2000.

[55] J. Meng, Y. Juan, and S.-F. Chang, *Scene change detection in an MPEG-compressed video sequence*, vol. 2419, pp. 14–25. SPIE, 1995.

[56] J. Korpi-Anttila, "Automatic colour enhancement and scene change detection of digital video." Licentiate Thesis, Helsinki University of Technology, 2002.

[57] F. Idris and S. Panchanathan, "Review of image and video indexing techniques," *Journal of Visual Communication and Image Representation*, vol. 8, no. 2, pp. 146–166, 1997.

[58] L. Kerofsky and J. Zhou, "59.3: Temporal filtering in lcd backlight modulation," *SID Symposium Digest of Technical Papers*, vol. 39, no. 1, pp. 903–906, 2008.

[59] IEC, "Methods of measurement for the power consumption of audio, video and related equipment." IEC, 2008.

[60] W. Burger and M. J. Burge, *Digitale Bildverarbeitung*. X. media. press Series, Springer, 2006.

[61] G. Harbers and C. Hoelen, "Lp.2: High performance lcd backlighting using. high intensity red, green and blue light emitting diodes.," *SID Symposium Digest of Technical papers*, pp. 702–706, 2001.

[62] I.-K. Kim and K.-Y. Chung, "Wide color gamut backlight from three-band white led," *Journal of the Optical Society of Korea*, vol. 11, pp. 67–70, Jun 2007.

[63] Y. Li, T. X. Wu, and S.-T. Wu, "Design optimization of reflective polarizers for lcd backlight recycling," *Journal of Display Technology*, vol. 5, no. 8, pp. 335–340, 2009.

[64] P.-L. Chen, "9.2: Invited paper: Green tft-lcd technologies," *SID Symposium Digest of Technical Papers*, vol. 41, no. 1, pp. 108–111, 2010.

[65] W. Schwedler and F. Nguyen, "74.1: Invited paper: Led backlighting for lcd tvs," *Journal of the Society for Information Display*, pp. 1091–1096, 2010.

[66] H. C. H. Cho and O.-K. Kwon, "A backlight dimming algorithm for low power and high image quality lcd applications," *IEEE Transactions on Consumer Electronics*, vol. 55, no. 2, pp. 839–844, 2009.

[67] C.-C. Lai and C.-C. Tsai, "Backlight power reduction and image contrast enhancement using adaptive dimming for global backlight applications," *IEEE Transactions on Consumer Electronics*, vol. 54, no. 2, pp. 669–674, 2008.

[68] L. Kerofsky and S. Daly, "Brightness preservation for lcd backlight dimming," *Journal of the Society for Information Display*, vol. 14, no. 12, pp. 1111–1118, 2006.

[69] N. Chang, I. Choi, and H. Shim, "Dls: Dynamic backlight luminance scaling of liquid crystal display," *Ieee Transactions On Very Large Scale Integration Vlsi Systems*, vol. 12, no. 8, pp. 837–846, 2004.

[70] S. Kurbatfinski, "Entwicklung und realisierung einer flexiblen led-ansteuerung für innovative und intelligente lcd-backlight-konzepte im automobil." Bachelor Thesis, Hochschule Pforzheim, 2009.

[71] Paramount Pictures, "Indiana jones." Film, 1981-2008.

[72] Phillips, "Technische daten zu smart led-fernseher, 52pfl9606k/02." Website, 2012. abgerufen 1. März 2012.

[73] H. G. Hulze and P. deGreef, "50.2: Power savings by local dimming on a lcd panel with side lit backlight," *SID Symposium Digest of Technical Papers*, vol. 40, no. 1, pp. 749–752, 2009.

[74] M. Albrecht, A. Karrenbauer, T. Jung, and C. Xu, "Sorted sector covering combined with image condensation–an efficient method for local dimming of direct-lit and edge-lit lcds," *IEICE Transactions on Electronics*, vol. 93, no. 11, pp. 1556–1563, 2010.

[75] M. Albrecht, A. Karrenbauer, and C. Xu, "A clipper-free algorithm for efficient hw-implementation of local dimming led-backlight," *Proceedings of the 28th International Display Research Conference IDRC*, pp. 286–289, 2008.

[76] M. Albrecht, D. Schäfer, C. Xu, J. Bauer, and M. Kreuzer, "Late-news poster: Lsf correlator - an amending module for ssc local dimming algorithm to increase the static contrast of edge-lit lcds," *SID Symposium Digest of Technical Papers*, vol. 42, no. 1, pp. 1458–1461, 2011.

[77] H. Ichioka, K. Otoi, K. Fujiwara, and K. Hashimoto, "50.3: Proposal of evaluation method for local-dimming backlights a local-dimming backlight system," *SID Symposium Digest of Technical Papers*, pp. 750–753, 2010.

[78] A. Ballestad, T. Wan, H. Li, and H. Seetzen, "Metrics for local-dimming artifacts in high-dynamic-range lcds," *Information Display*, pp. 18–22, 01 2009.

[79] H. Chen, T. H. Ha, J. H. Sung, and H. R. Kim, "22.3: Quantified evaluation for clipping artifact of local dimming in lcds," *SID Symposium Digest of Technical Papers*, pp. 315–318, 2010.

[80] T. Jung, M. Albrecht, D. Schäfer, and C. Xu, "46.2: System architecture and fpga-implementation of the ssc local dimming processor for an edge-lit serial tv," *SID Symposium Digest of Technical Papers*, vol. 42, no. 1, pp. 665–668, 2011.

[81] M. D. Fairchild, *Color Appearance Models*. The Wiley-IS&T Series in Imaging Science and Technology, John Wiley & Sons, 2005.

[82] W. K. Pratt, *Digital Image Processing*. John Wiley and Sons, Inc., 1991.

[83] J. C. Russ, *The Image Processing Handbook*. Taylor and Francis Group, 2007.

[84] R. C. Gonzalez, R. E. Woods, and E. S. L., *Digital Image Processing using Matlab*. Pearson Education Inc., 2004.

[85] B. Jähne, *Digitale Bildverarbeitung*. Springer-Verlag, 6. auflage ed., 2005.

[86] R. C. Gonzalez and R. E. Woods, *Digital Image Processing*. Pearson Education Inc., third edition ed., 2008.

[87] W. Abmayr, *Einführung in die digital Bildverarbeitung*. B.G. Teubner Verlag Stuttgart, 1994.

[88] G. Thews, *Anatomie, Physiologie, Pathophysiologie des Menschen*. Wissenschaftliche Verlagsgesellschaft mbH, 5. auflage ed., 1999.

[89] T. C. Hu, *Ganzzahlige Programmierung und Netzwerkflüsse*. R. Oldenburg Verlag München Wien, 1972.

[90] M. Ben-Ari, *Grundlagen der Parallel-Programmierung*. Carl Hanser Verlag München Wien, 1984.

[91] D. A. Atchison and G. Smith, *Optics of the human eye*. Elsevier Health Sciences, 2000.

[92] F. Kesel and R. Bartholomä, *Entwurf von digitalen Schaltungen und Systemen mit HDLs und FPGAs*. Oldenbourg, 2006.

[93] E. Lueder, *Liquid Crystal Displays: Addressing Schemes and Electro-Optical Effects*. Wiley Series in Display Technology, John Wiley & Sons, 2010.

[94] D. Bosman, *Display engineering: conditioning, technologies, applications*. North Holland, 1989.

[95] J. C. Whitaker, *Electronic displays: technology, design, and applications.* McGraw-Hill, 1994.

[96] B. E. Goldstein, *Wahrnehmungspsychologie: Der Grundkurs.* Spektrum Akademischer Verlag, 2008.

[97] D. Schreuder, *Outdoor Lighting: Physics, Vision and Perception.* Springer, 2008.

[98] A. Valberg, *Light vision color.* John Wiley & Sons, 2005.

[99] M. Livingstone and D. Hubel, *Vision and Art: The Biology of Seeing.* Abrams, 2008.

[100] T. Ditzinger, *Illusionen des Sehens: Eine Reise in die Welt der visuellen Wahrnehmung.* Spektrum Akademischer Verlag, 2006.

[101] A. Hyvärinen, J. Hurri, and P. Hoyer, *Natural Image Statistics: A Probabilistic Approach to Early Computational Vision.* Computational imaging and vision, Springer, 2009.

[102] D. L. Macadam, "Visual sensitivities to color differences in daylight," *Journal of the Optical Society of America*, vol. 32, pp. 247–273, May 1942.

[103] CIE, "Commission internationale de l'Éclairage proceedings," *Cambridge University Press*, 1932.

[104] A. Stockman, D. I. MacLeod, and N. E. Johnson, "Spectral sensitivities of the human cones," *Journal of the Optical Society of America*, vol. 10, no. 12, pp. 2491–2521, 1993.

[105] M. Baba, R. Nonaka, G. Itoh, S. Araki, S. Kawaguchi, M. Takeoka, and K. Nakao, "Novel algorithm for lcd backlight dimming by simultaneous optimization of backlight luminance and gamma conversion function," *International Display Workshops*, pp. 1385–1388, 2008.

[106] J. H. Stessen and J. G. R. Van Mourik, "26.4: Algorithm for contrast reserve, backlight dimming, and backlight boosting on lcd," *SID Symposium Digest Technical Papers*, vol. 37, no. 1, pp. 1249–1252, 2006.

[107] M. Stokes, M. D. Fairchild, and R. S. Berns, "Precision requirements for digital color reproduction," *ACM Transactions on Graphics*, vol. 11, no. 4, pp. 406–422, 1992.

[108] A. Laaperi, "Disruptive factors in the oled business ecosystem," *Information Display Magazine*, vol. 25, pp. 8–13, 2009.

[109] H. De Lange Dzn, "Research into the dynamic nature of the human fovea-cortex systems with intermittent and modulated light. ii. phase shift in brithtness and delay in color perception.," *Journal of the Optical Society of America*, vol. 48, no. 11, pp. 784–789, 1958.

[110] K. H. Goh, Y. Huang, and L. Hui, "Automatic video contrast enhancement," *IEEE International Symposium on Consumer Electronics*, 2004.

[111] J. Bauer and M. Kreuzer, "Dynamic optimization of video content presentation on automotive displays," *Eurodisplays, International Display Research Conference*, vol. XXXI, 2011.

[112] B. J. Lindbloom, "Bruce lindbloom's website." Website, May 2012. http://www.brucelindbloom.com/ Stand 06. Februar 2012.

[113] Institute of Ophthalmology, "Colour and vision research laboratory." Website, March 2012. http://www.cvrl.org/ Stand 07. März 2012.

[114] Commission Internationale de L'Eclairage (CIE), "Colorimetry." Vienna, Austria: Central Bureau of the CIE, 1986.

TABELLENVERZEICHNIS

Abbildungsverzeichnis

A ANHANG

A.1. MESSERGEBNISSE UMGEBUNGSLICHTSENSORIK

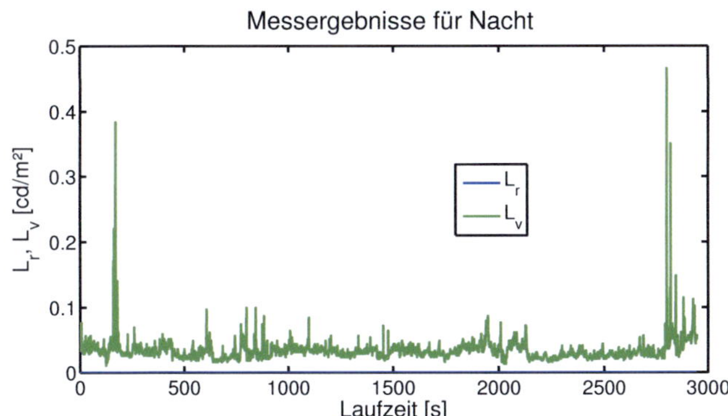

Abbildung A.1.: Blendlicht L_g und Beleuchtungsstärke E_i für eine Nachtsituation

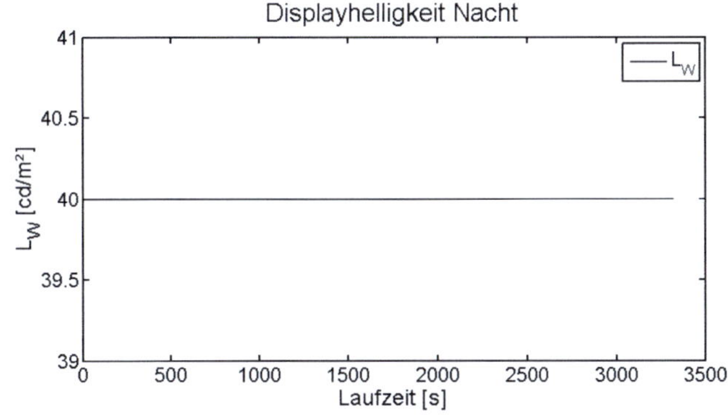

Abbildung A.2.: Displayhelligkeit $L'_w(L_e)$ korrespondieren zu den Messwerte in Abbildung A.1

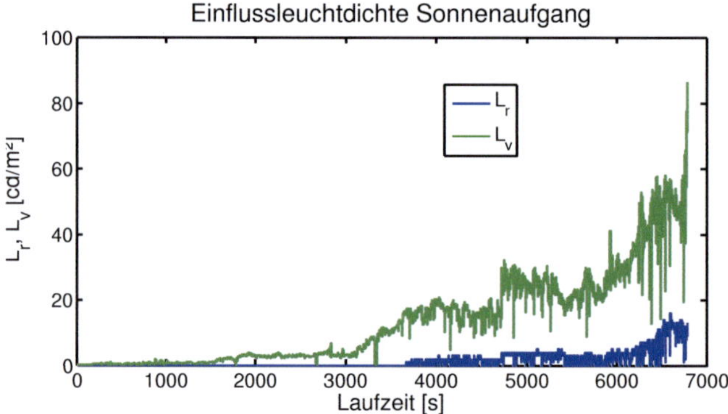

Abbildung A.3.: Blendlicht L_g und Beleuchtungsstärke E_i bei Sonnenaufgang

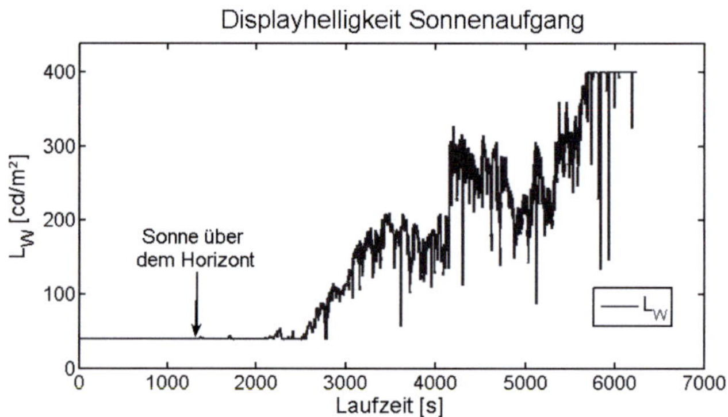

Abbildung A.4.: Displayhelligkeit $L'_w(L_e)$ korrespondieren zu den Messwerte in Abbildung A.3

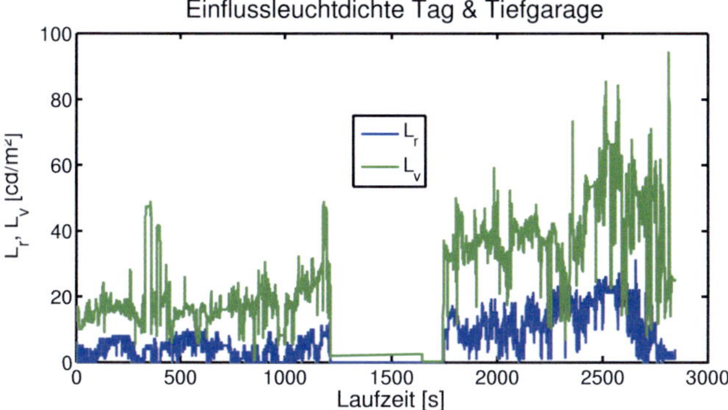

Abbildung A.5.: Blendlicht L_g und Beleuchtungsstärke E_i für eine Tag- und Tiefgaragensituation

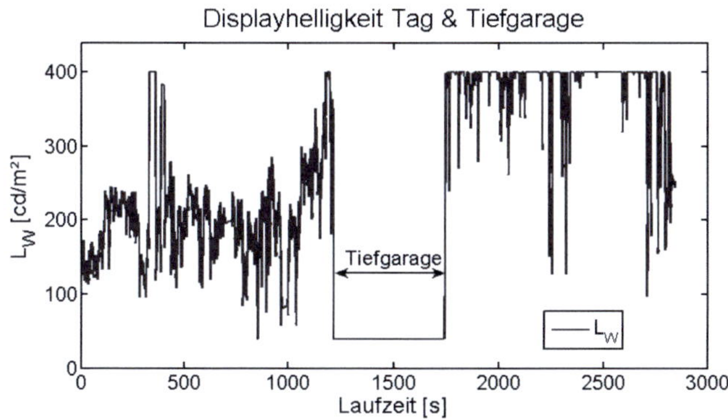

Abbildung A.6.: Displayhelligkeit $L'_w(L_e)$ korrespondieren zu den in Abbildung A.5

A.2. DIE TESTBILDER

124

Tabelle A.1.:
Übersicht der verwendeten Testbilder für DIE (1/3)

Tabelle A.2.:

Übersicht der verwendeten Testbilder für DIE (2/3)

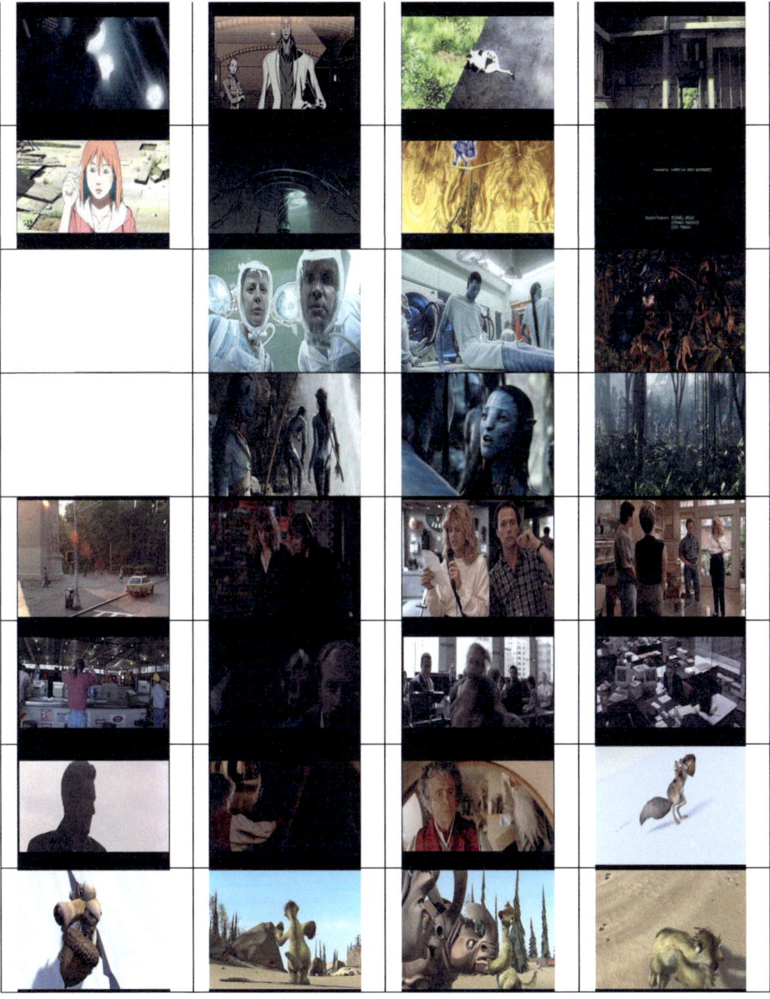

Tabelle A.3.:

Übersicht der verwendeten Testbilder für DIE (3/3)

A.3. PARAMETER FÜR AUTOMATISCHES PROZENTUALES HISTOGRAMLIMIT

Tabelle A.4.:

Kurven für automatisches prozentuales Histogramlimit c_L

Level	$C_{L,min}$ [%]	$C_{L,max}$ [%]	B	Level	$C_{L,min}$ [%]	$C_{L,max}$ [%]	B
1	0.05	30	3.6	17	1.572	50.645	2.412
2	0.14516	31.290	3.525	18	1.667	51.935	2.338
3	0.24032	32.580	3.451	19	1.762	53.225	2.264
4	0.33548	33.871	3.377	20	1.858	54.516	2.190
5	0.43065	35.161	3.303	21	1.953	55.806	2.116
6	0.52581	36.451	3.229	22	2.048	57.096	2.041
7	0.62097	37.741	3.154	23	2.143	58.387	1.967
8	0.71613	39.032	3.080	24	2.238	59.677	1.893
9	0.81129	40.322	3.006	25	2.333	60.967	1.819
10	0.9064	41.612	2.932	26	2.429	62.258	1.745
11	1.0016	42.903	2.858	27	2.524	63.548	1.671
12	1.0968	44.193	2.783	28	2.619	64.838	1.596
13	1.1919	45.483	2.709	29	2.714	66.129	1.522
14	1.2871	46.774	2.635	30	2.809	67.419	1.448
15	1.3823	48.064	2.561	31	2.904	68.709	1.374
16	1.4774	49.354	2.487	32	3	70	1.3

A.4. ERGEBNISSE DER SUBJEKTIVEN BEWERTUNG

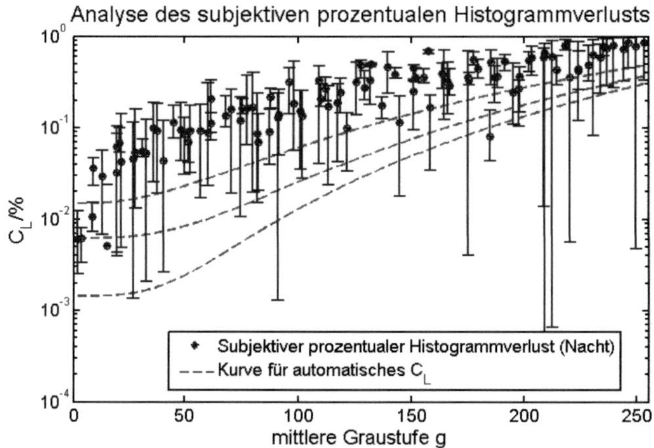

Abbildung A.7.: Subjektive Bewertungen des prozentuelen Histogramverlusts C_L für die Lichtbedingung „Nacht"

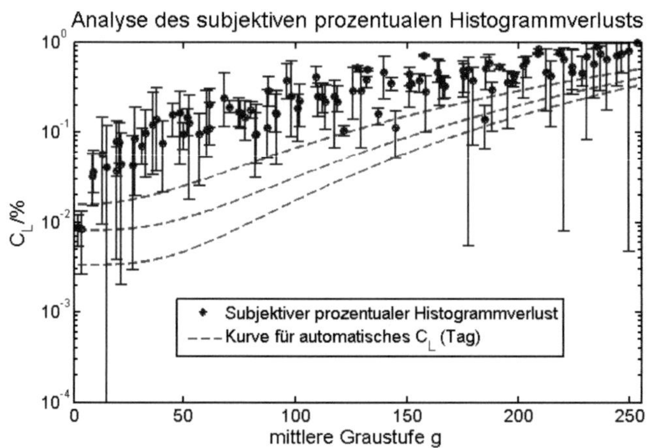

Abbildung A.8.: Subjektive Bewertungen des prozentuelen Histogramverlusts C_L für die Lichtbedingung „Tag"

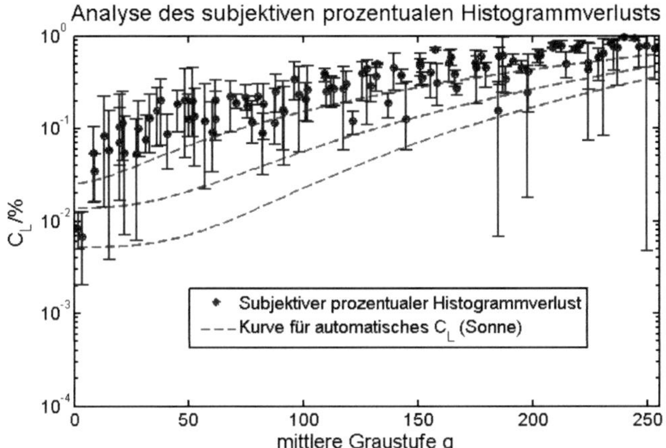

Abbildung A.9.: Subjektive Bewertungen des prozentuelen Histogramverlusts C_L für die Lichtbedingung „Sonne"

A.5. PARAMETER FÜR DOP

Tabelle A.5.:

Verwendete DOP Parameter

β	L_e	β	L_e	β	L_e	β	L_e	β	L_e	β	L_e	β	L_e	β	L_e
0	0	32	0	64	0.003	96	0.011	128	0.025	160	0.049	192	0.085	224	0.136
1	0	33	0	65	0.003	97	0.011	129	0.026	161	0.05	193	0.087	225	0.137
2	0	34	0	66	0.003	98	0.011	130	0.026	162	0.051	194	0.088	226	0.139
3	0	35	0.001	67	0.004	99	0.012	131	0.027	163	0.052	195	0.089	227	0.141
4	0	36	0.001	68	0.004	100	0.012	132	0.028	164	0.053	196	0.091	228	0.143
5	0	37	0.001	69	0.004	101	0.012	133	0.028	165	0.054	197	0.092	229	0.145
6	0	38	0.001	70	0.004	102	0.013	134	0.029	166	0.055	198	0.094	230	0.147
7	0	39	0.001	71	0.004	103	0.013	135	0.03	167	0.056	199	0.095	231	0.149
8	0	40	0.001	72	0.005	104	0.014	136	0.03	168	0.057	200	0.096	232	0.151
9	0	41	0.001	73	0.005	105	0.014	137	0.031	169	0.058	201	0.098	233	0.153
10	0	42	0.001	74	0.005	106	0.014	138	0.032	170	0.059	202	0.099	234	0.155
11	0	43	0.001	75	0.005	107	0.015	139	0.032	171	0.06	203	0.101	235	0.157
12	0	44	0.001	76	0.005	108	0.015	140	0.033	172	0.061	204	0.102	236	0.159
13	0	45	0.001	77	0.006	109	0.016	141	0.034	173	0.062	205	0.104	237	0.161
14	0	46	0.001	78	0.006	110	0.016	142	0.035	174	0.064	206	0.105	238	0.163
15	0	47	0.001	79	0.006	111	0.016	143	0.035	175	0.065	207	0.107	239	0.165
16	0	48	0.001	80	0.006	112	0.017	144	0.036	176	0.066	208	0.109	240	0.167
17	0	49	0.001	81	0.006	113	0.017	145	0.037	177	0.067	209	0.11	241	0.169
18	0	50	0.002	82	0.007	114	0.018	146	0.038	178	0.068	210	0.112	242	0.171
19	0	51	0.002	83	0.007	115	0.018	147	0.038	179	0.069	211	0.113	243	0.173
20	0	52	0.002	84	0.007	116	0.019	148	0.039	180	0.07	212	0.115	244	0.175
21	0	53	0.002	85	0.007	117	0.019	149	0.04	181	0.072	213	0.117	245	0.177
22	0	54	0.002	86	0.008	118	0.02	150	0.041	182	0.073	214	0.118	246	0.18
23	0	55	0.002	87	0.008	119	0.02	151	0.042	183	0.074	215	0.12	247	0.182
24	0	56	0.002	88	0.008	120	0.021	152	0.042	184	0.075	216	0.122	248	0.184
25	0	57	0.002	89	0.009	121	0.021	153	0.043	185	0.076	217	0.123	249	0.186
26	0	58	0.002	90	0.009	122	0.022	154	0.044	186	0.078	218	0.125	250	0.188
27	0	59	0.002	91	0.009	123	0.022	155	0.045	187	0.079	219	0.127	251	0.191
28	0	60	0.003	92	0.009	124	0.023	156	0.046	188	0.08	220	0.128	252	0.193
29	0	61	0.003	93	0.01	125	0.024	157	0.047	189	0.081	221	0.13	253	0.195
30	0	62	0.003	94	0.01	126	0.024	158	0.048	190	0.083	222	0.132	254	0.198
31	0	63	0.003	95	0.01	127	0.025	159	0.048	191	0.084	223	0.134	255	0.2

A.6. FRAGEBOGEN: QUALITÄTSVERBESSERUNG VON MENÜDARSTELLUNGEN

How would you describe the current image? Mark the appropriate box.

High image quality   ☐☐☐☐☐☐☐   Low image quality

Bright   ☐☐☐☐☐☐☐   Dark

Natural   ☐☐☐☐☐☐☐   Artificial

Clear   ☐☐☐☐☐☐☐   Unclear

How much do you agree with the following statements ?

1. Main topics in the image are clearly visible

Completely agree   ☐☐☐☐☐☐☐   Completely disagree

2. Details in the image are clearly visible

Completely agree   ☐☐☐☐☐☐☐   Completely disagree

3. The visibility of the image is strongly affected by ambient light

Completely agree   ☐☐☐☐☐☐☐   Completely disagree

Abbildung A.10.: Expertenfragebogen zur Evaluierung der Qualitätssteigerung von Menüdarstellungen

A.7. HMI-ENHANCEMENT TESTBILDER

Tabelle A.6.:

Übersicht der verwendeten Testbilder für HMI-Enhancement

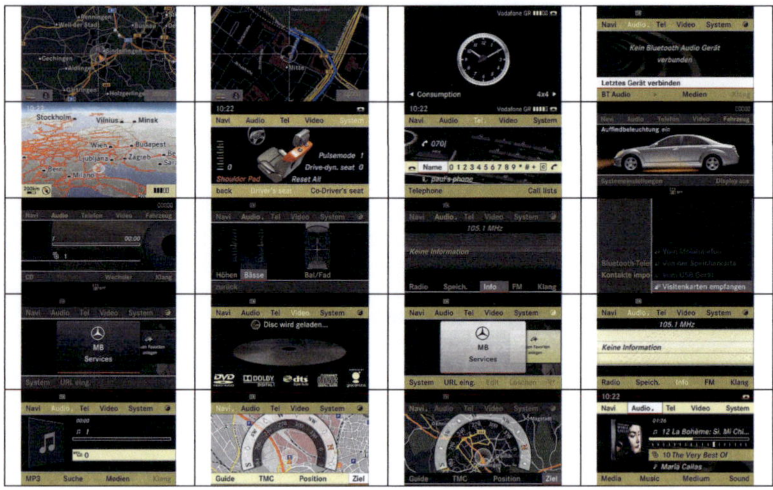

A.8. FRAGEBOGEN ZUM PROBANDENVERSUCH ZU DIE UND DOP

Wie würden Sie die aktuelle Darstellungsart beschreiben? Markieren Sie bitte in jeder Zeile den Punkt, der aus Ihrer Sicht am besten zutrifft.								
natürlich	❑	❑	❑	❑	❑	❑	❑	künstlich
gewohnt	❑	❑	❑	❑	❑	❑	❑	ungewohnt
deutlich	❑	❑	❑	❑	❑	❑	❑	undeutlich
präzise	❑	❑	❑	❑	❑	❑	❑	unpräzise
farbig	❑	❑	❑	❑	❑	❑	❑	farblos
hell	❑	❑	❑	❑	❑	❑	❑	dunkel
hochwertig	❑	❑	❑	❑	❑	❑	❑	minderwertig
hohe Bildqualität	❑	❑	❑	❑	❑	❑	❑	niedrige Bildqualität

Wie sehr stimmen Sie den folgenden Aussagen zu?	trifft völlig zu						trifft überhaupt nicht zu
Die zentralen Inhalte im Video sind gut erkennbar.	❑	❑	❑	❑	❑	❑	❑
Details sind gut zu erkennen.	❑	❑	❑	❑	❑	❑	❑
Die Erkennbarkeit der Videoinhalte wird durch das aktuelle Licht stark beeinträchtigt.	❑	❑	❑	❑	❑	❑	❑
Diese Darstellungsart hätte ich gern in meinem Fahrzeug.	❑	❑	❑	❑	❑	❑	❑
Diese Darstellungsart gefällt mir.	❑	❑	❑	❑	❑	❑	❑

Abbildung A.11.: Fragebogen zur Ermittlung der Akzeptanz und Wertanmutung von Videoenhancement (DIE, DOP)

A.9. ERGEBNISSE ZUM PROBANDENVERSUCH VIDEOENHANCEMENT

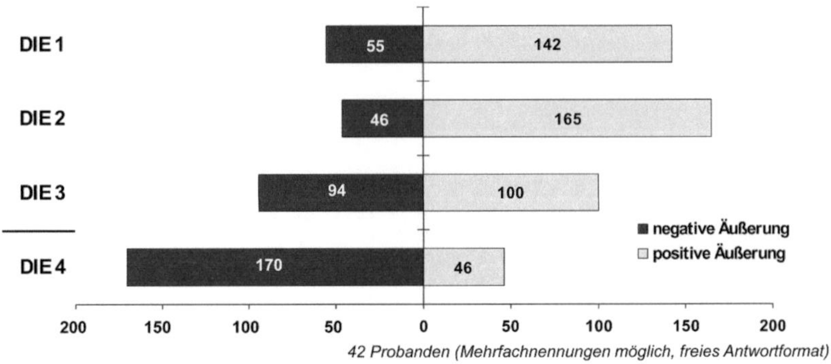

Abbildung A.12.: Übersicht der freien Nennungen, klassifiziert nach den DIE Bedingungen

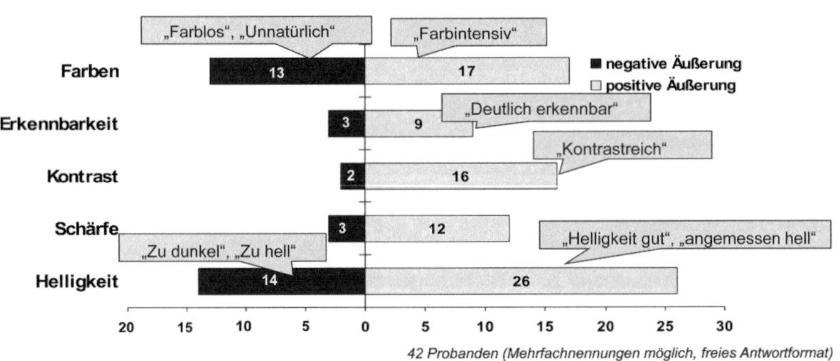

Abbildung A.13.: Freien Nennungen zur DIE1 Bedingung, klassifiziert nach Eigenschaften

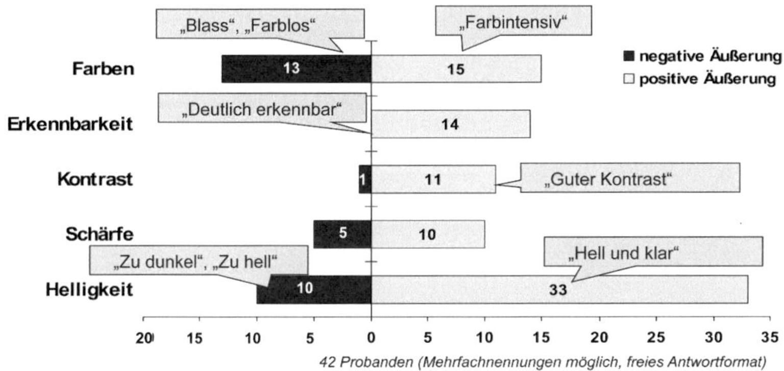

Abbildung A.14.: Freien Nennungen zur DIE2 Bedingung, klassifiziert nach Eigenschaften

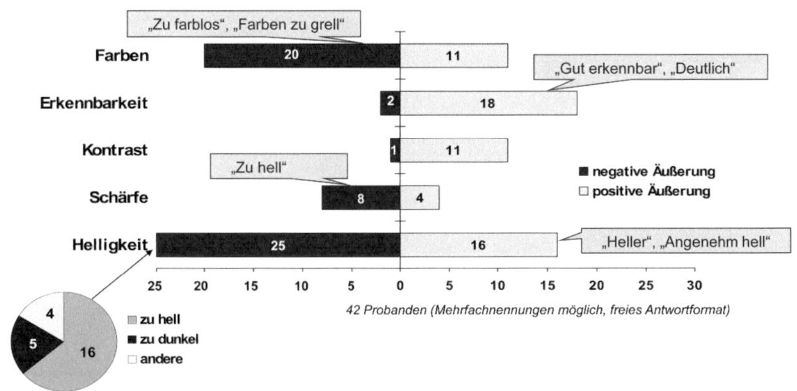

Abbildung A.15.: Freien Nennungen zur DIE3 Bedingung, klassifiziert nach Eigenschaften

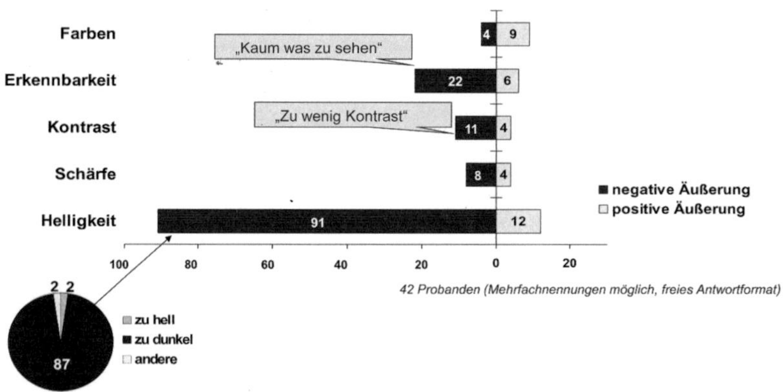

Abbildung A.16.: Freien Nennungen zur Referenz Bedingung, klassifiziert nach Eigenschaften